DE L'UTILITÉ PUBLIQUE

DES

TRANSMISSIONS ÉLECTRIQUES D'ÉNERGIE

But, Procédés, État actuel, Valeur économique et avenir

PAR

M. A. BLONDEL,
Ingénieur des Ponts et Chaussées,
Professeur à l'École nationale des Ponts et Chaussées

(Extrait des Annales des Ponts et Chaussées, 1er trimestre 1898.)
Revu et complété en Juin 1899.

PARIS
Vve Ch. DUNOD, ÉDITEUR
LIBRAIRE DES CORPS NATIONAUX DES PONTS ET CHAUSSÉES, DES MINES ET DES TÉLÉGRAPHES
49, Quai des Grands-Augustins, 49

1899

DE L'UTILITÉ PUBLIQUE

DES

TRANSMISSIONS ÉLECTRIQUES D'ÉNERGIE

BUT, PROCÉDÉS, ÉTAT ACTUEL, VALEUR ÉCONOMIQUE ET AVENIR

TOURS, IMPRIMERIE DESLIS FRÈRES

DE L'UTILITÉ PUBLIQUE

DES

TRANSMISSIONS ÉLECTRIQUES D'ÉNERGIE

But, Procédés, État actuel, Valeur économique et avenir

PAR

M. A. BLONDEL,
Ingénieur des Ponts et Chaussées,
Professeur à l'École nationale des Ponts et Chaussées

(Extrait des ANNALES DES PONTS ET CHAUSSÉES, 1er trimestre 1898.)
Revu et complété en Juin 1899.

PARIS
Vve CH. DUNOD, ÉDITEUR
LIBRAIRE DES CORPS NATIONAUX DES PONTS ET CHAUSSÉES, DES MINES ET DES TÉLÉGRAPHES
49, Quai des Grands-Augustins, 49

1899

DE L'UTILITÉ PUBLIQUE

DES

TRANSMISSIONS ÉLECTRIQUES D'ÉNERGIE (*).

BUT, PROCÉDÉS, ÉTAT ACTUEL, VALEUR ÉCONOMIQUE ET AVENIR.

INTRODUCTION.

Dans le langage de la science et de la technique modernes on désigne, sous le nom d'*énergie*, le travail accumulé ou latent sous ses différentes formes : travail mécanique, chaleur, électricité, force vive, etc. La plus grande découverte de la physique moderne est d'avoir démontré que dans le système du monde, tel que nous le connaissons, l'énergie ne se perd ni se crée, mais se transforme seulement. L'homme ne produit donc pas l'énergie, mais il peut la faire apparaître sous telle ou telle de ses formes et l'utiliser; le grand problème industriel consiste à produire cette transformation dans les meilleures conditions économiques, et

(*) Cette note a été fournie par M. le Ministre des Travaux publics à la Commission de la Chambre des députés chargée d'examiner le projet de loi sur les distributions d'énergie. La Commission l'a annexée au rapport de M. le député Guillain sur ce projet de loi. Les *Annales* publieront le rapport de M. Guillain avec le texte de la loi, dès que celui-ci aura reçu la sanction parlementaire. Elles ont reproduit, en attendant, la note de M. Blondel qui contient plusieurs renseignements d'actualité.

l'un des points les plus importants de la solution est la réalisation du meilleur mode de transport de l'énergie. Ce problème se présente dans toutes les applications de l'énergie aux opérations industrielles, et même, à proprement parler, il les précède.

La puissance développée par une machine à vapeur n'est qu'une partie de l'énergie contenue dans le charbon qui sert à chauffer ; le rapport de ce travail à l'énergie dépensée par la combustion n'est environ que de 1/10 ; c'est ce qu'on appelle le « rendement » de la transformation. De même, le travail développé par une turbine est inférieur de 20 à 30 0/0 à celui que peut produire la chute d'eau qui l'alimente en vertu de son débit et de sa hauteur de chute ; de 0,70 à 0,80 représente le rendement du moteur hydraulique. Dans les deux cas il y a un déchet plus ou moins important et qui constitue pour la Société un véritable gaspillage d'une marchandise d'autant plus précieuse que l'homme n'est pas maître de la récupérer à son gré.

D'autre part, la force développée dans la machine à vapeur ou le moteur hydraulique ne devient utile aux manufacturiers que lorsqu'elle a été transmise par un agent intermédiaire, câble, air comprimé ou eau sous pression, aux appareils qui doivent l'utiliser, ou transformée de nouveau, par exemple en chaleur, en électricité, en lumière, etc. Dans les deux cas, les organes ou agents intermédiaires absorbent également une partie de l'énergie qui diminue d'autant la quantité qui reste disponible. Cette absorption peut être assez grande pour que toute l'énergie soit perdue sur un parcours relativement peu étendu. Aussi a-t-on longtemps préféré, lorsque cela était possible, transporter la source d'énergie elle-même : c'est ce qu'on fait par exemple en expédiant du charbon par terre ou par eau du lieu de production au lieu d'utilisation ; de même, pour transporter l'énergie des chutes d'eau, on a établi, dans bien des cas, de longs aqueducs amenant l'eau disponible au point d'utilisation. Mais ces procédés sont onéreux lorsque la distance de transport est grande, qu'il existe une grande différence de niveaux ou que les routes sont insuffisantes, et il faut bien accepter l'emploi d'un des agents de transmission mentionnés ci-dessus. Quelques-uns de ceux-ci, et en particulier l'électricité, se prêtent à deux méthodes de transport de l'énergie d'un endroit à un autre : le transport direct et le transport différé, dans lequel on commence par emmagasiner l'énergie dans un réservoir convenable, qu'on déplace ensuite; le premier seul présente un réel intérêt pratique dans le cas de l'électricité.

Au lieu de transporter l'énergie ou la source d'énergie, on peut enfin utiliser celle-ci sur place ou à faible distance à la production de matières industrielles, telles que les métaux, les produits chimiques, etc. ; il faut alors apporter les matières premières au lieu de production de l'énergie et transporter les produits obtenus.

L'électricité permet aujourd'hui de réaliser ces divers modes d'emploi de l'énergie d'une façon à la fois plus simple, plus efficace et plus économique que tous les autres procédés. Pour montrer l'importance de son emploi, on examinera successivement les sources d'énergie qu'elle permet d'utiliser, les moyens qu'elle offre d'extraire et de transmettre cette énergie, les applications variées qu'elle permet de lui donner à petite ou à grande distance, les conditions pratiques dans lesquelles ces transmissions peuvent s'effectuer dans l'état actuel de l'industrie, et enfin les avantages économiques qu'il est permis d'espérer en tirer, soit actuellement, soit dans l'avenir (*).

(*) A raison même de son but, cette note a dû être écrite dans un esprit de vulgarisation, comme une conférence, par conséquent sans calculs et sans aucune prétention technique. La question eût été traitée d'une façon notablement différente si ce travail se fût adressé exclusivement à un public d'ingénieurs ou d'électriciens. (Note de l'Auteur.)

I. — Forces naturelles dont l'industrie peut disposer.

Si l'on excepte le charbon et l'huile de pétrole, qui ont dès aujourd'hui de nombreux cas d'applications, la plupart des autres sources d'énergie sont aujourd'hui très imparfaitement utilisées et ne pourront jamais l'être complètement. Les plus importantes qu'on rencontre dans la nature sont les chutes d'eau; il faut y joindre le vent, le flux de la marée, la force des vagues et la chaleur solaire. Ces forces découlent presque toutes d'une même cause, l'action du soleil : c'est la chaleur solaire qui pompe les vapeurs dont la condensation alimente, sous forme de pluie, les torrents et les rivières; c'est elle qui, par les variations de température de notre atmosphère, provoque les déplacements de l'air. C'est la chaleur solaire qui a provoqué la croissance des plantes et des arbres, qui ont produit la houille. Ce sont ses rayons qui produisent aussi le blé et les fruits de la terre, que notre organisme transforme en énergie musculaire. Ce sont les attractions de la lune et du soleil qui produisent les grandes ondes périodiques de la marée. Toutes les sources d'énergie qui portent le nom de forces naturelles sont donc, en définitive, des émanations d'un monde étranger à notre terre et dont nous profitons indirectement.

Ces sources d'énergie ont une importance telle qu'elles remplaceraient aisément la houille, le jour où celle-ci viendrait à manquer, à la condition de pouvoir les utiliser économiquement. La chaleur produite dans le Sahara par les rayons solaires et absorbée par le sable est équivalente à des millions de chevaux-vapeur ; on a calculé qu'un arpent de terre, au Tropique, pourrait produire 4.000 chevaux pendant neuf heures par jour.

Le flux et le reflux de l'Océan emmagasinés dans des étangs renferment aussi une énergie importante; avec une chute de 2 mètres on peut obtenir 5 chevaux à l'hectare. On a calculé que la puissance de l'écoulement d'eau dû à la marée à travers le détroit de Menai, dont la section est de 5.500 mètres carrés et où la vitesse moyenne atteint 5 kilomètres à l'heure, représente une puissance de 6.000 chevaux-vapeur, et que le flux et le reflux dans l'estuaire de Liverpool ne représenteraient pas moins de 10.000 chevaux.

Le vent peut produire également une force plus considérable qu'on ne le croit. Un moulin ordinaire à quatre ailes donne, sous l'action d'une brise de 16 kilomètres à l'heure, une puissance d'environ 2 chevaux ; une roue à ailettes de 20 mètres de diamètre fournit, sous un vent de 7 mètres à la seconde, une puissance d'environ 40 chevaux ; en superposant trois de ces roues et en alignant cinquante systèmes ainsi composés, on peut obtenir, sur une étendue de 1 kilomètre, 6.000 chevaux ; il est à remarquer que, d'après les statistiques, il y a peu de jours où le vent souffle avec des vitesses inférieures à 3 mètres par seconde.

Mais ces sources accessoires d'énergie sont bien peu utilisables, à cause du prix élevé d'établissement des appareils nécessaires et de leur faible rendement. Car, bien que la force à capter soit gratuite, il est loin d'en être de même pour l'installation des appareils nécessaires. Par exemple, l'installation complète de moulins à marée électriques ne coûterait pas moins de 5.000 francs par cheval, y compris les accumulateurs hydrauliques et transmissions nécessaires. Il existe quelques moulins de marée (à Pont-l'Abbé, par exemple, un étang de 18 hectares donne une puissance moyenne de 80 chevaux en tout temps et qui peut atteindre 140 en certains cas) et de nombreux moulins à vent ; mais ceux-ci ne sont pas employés, en général, à la production industrielle de la force ou de l'énergie ; une intéressante installation de moulin à vent électrique à Cleve-

and, chez M. Brush, qui s'en sert à éclairer sa maison, et quelques autres installations analogues, montrent cependant qu'il est facile de produire par ce moyen l'énergie électrique, lorsqu'on ne regarde pas à la dépense d'installation. On en signale déjà l'application dans quelques fermes américaines.

Quant aux chutes d'eau, bien que malheureusement les dépenses d'aménagement et le prix d'installation des usines soient souvent trop élevés pour en permettre l'emploi industriel, et qu'il faille faire par conséquent toutes réserves sur les circonstances locales, l'utilisation électrique en est incomparablement plus facile et plus développée. Les évaluations possibles de cette énergie sont considérables. Pour prendre quelques exemples, les chutes du Rhin à Schaffouse représentent, dit-on, 1.750.000 chevaux; le Niagara, 7 millions de chevaux. En France, la puissance totale des chutes d'eau a été évaluée, peut-être trop largement, à environ 10 millions de chevaux (*); ce chiffre, malheureusement fort incertain, fait bonne figure à côté de ceux de la puissance développée par les machines à vapeur (celle-ci est estimée approximativement à 6.500.000 chevaux en France); la Seine à elle seule offre à ses divers barrages une puissance totale évaluée à 25.000 chevaux. Même si l'on fait la part de l'exagération dans ces évaluations, au point de vue de la réalisation pratique on ne peut mettre en doute qu'il y ait là en réserve encore bien des ressources pour l'industrie de l'avenir.

Tel pays, comme la Suisse, qui, privée de houillères et de communications faciles, parait peu favorisée au point de

---

(*) D'après M. Bergès, industriel à Lancey, un des hommes qui ont fait le plus, depuis dix ans, pour développer dans les Alpes françaises l'usage rationnel de cette houille blanche, c'est par la considération du bassin de réception des pluies qu'il a trouvé ce chiffre de 10.000 millions de chevaux.

vue industriel, semble devoir trouver dans ses nombreuses chutes d'eau une source admirable de richesses, aujourd'hui que l'on sait en transporter facilement l'énergie. Aussi y voit-on des chutes d'eau, trop éloignées de toute voie de communication pour avoir autrefois une valeur marchande, mais aménageables à bon compte grâce aux fortes déclivités du sol, se vendre aujourd'hui à des prix élevés, grâce à l'électricité ; le pays se couvre d'un réseau de lignes électriques dont le nombre s'accroît chaque année, et dont les exemples cités plus loin feront sentir l'importance ; et l'on peut prévoir, en présence de cette transformation qui commence, que dans quelques années la Suisse sera, toute proportion gardée, un des plus remarquables pays industriels de l'Europe (*). La France, quoique moins favorisée, suivra de son mieux cet exemple ; on peut l'espérer en constatant qu'on commence à y bien connaître la valeur des chutes d'eau et que celles-ci donnent même lieu, depuis trois ou quatre ans, à d'actives spéculations. Dans la région dauphinoise, en particulier, on sait tirer parti aujourd'hui non seulement des rivières, mais des torrents produits par la fonte des neiges auxquelles on a, pour ce motif, donné dans ce pays le nom suggestif de *houille blanche*. On verra plus loin sous quelles réserves on peut considérer ces chutes comme une puissance motrice économique.

Si l'énergie des chutes d'eau semble appelée à profiter plus particulièrement de l'électricité, il ne faut pas croire pour autant que l'énergie du charbon n'a pas aussi des avantages à en retirer ; le développement constant des distributions d'énergie par stations centrales à vapeur le démontre suffisamment. En outre, bien des houillères, aujourd'hui inexploitées faute de moyens de transport éco-

(*) La puissance des chutes d'eau, déjà utilisée en Suisse pour diverses applications, est évaluée à plus de 200,000 chevaux.

nomiques, pourraient être l'objet d'une industrie prospère, si l'on y brûlait le charbon sur place, comme on l'expliquera, pour transmettre l'énergie sous forme électrique. Tout un mouvement d'entreprises de ce genre se produit en ce moment en Angleterre, le pays par excellence des grandes houillères voisines de villes importantes.

II. — Moyens actuels de production et d'accumulation de l'électricité.

Production. — La transformation de l'énergie des sources naturelles en électricité se fait actuellement par un seul procédé : on transforme cette énergie en travail mécanique, soit à l'aide des machines à vapeur ou à gaz utilisant la houille, soit à l'aide de moteurs hydrauliques actionnés par l'eau ; puis ce travail mécanique est transformé en électricité. Les machines génératrices d'électricité, ou *dynamos*, sont sorties désormais de la période des tâtonnements ; leurs organes sont plus simples au fond que ceux d'une machine à vapeur, et le calcul s'en fait avec une précision supérieure ; on établit aujourd'hui à l'avance, à 2 ou 3 0/0 près et même moins, une machine satisfaisant à des conditions données de vitesse, de puissance et de rendement.

Le courant électrique est produit industriellement sous deux formes principales : la forme continue, dans laquelle le flux d'électricité se produit toujours dans le même sens et avec un débit constant, variable seulement avec la consommation ; et la forme alternative, dans laquelle le courant va alternativement dans un sens, puis dans l'autre, produisant ainsi une série de flux et de reflux égaux et régulièrement alternés. Le nombre des périodes doubles est généralement compris, pour les usages industriels, entre 40 et 80 par seconde en Europe.

Les machines à courants alternatifs, qui sont les plus simples, délaissées pendant longtemps au profit des machines à courants continus, ont repris une grande faveur depuis que l'on a trouvé le moyen de transformer aisément les courants alternatifs et de les employer à la production de la force. Pour cette dernière application, on a développé, depuis cinq ans environ, des types générateurs nouveaux, dont l'invention première appartient à Ferraris et à Tesla, et le développement pratique à Bradley, Woustrom, Dolivo-Dobrowolsky et Brown, et qui ont pour but de fournir à la fois plusieurs courants alternatifs, dont les alternances se produisent à des instants différents : on les appelle pour ces motifs *polyphasés*; ces machines restent aussi simples que les précédentes. Enfin, depuis quatre ou cinq ans, on construit des machines pouvant débiter à la fois dans divers circuits diverses espèces de courants, des courants continus et des courants alternatifs, à volonté.

Les machines génératrices sont construites pour les puissances les plus variées, depuis 1 ou 2 chevaux pour les petites applications d'éclairage, jusqu'à 2.000 et même 5.000 chevaux (usines du Niagara), pour les grandes usines hydrauliques ou à vapeur. Ces énormes masses, tournant d'un mouvement régulier, sont soumises à des efforts souvent extrêmement variables par l'effet des oscillations du débit, sans en souffrir aucun dommage. Leur entretien se réduit à très peu de chose, et les causes d'accident sont à peu près nulles. L'un des organes autrefois le plus exposé à une usure rapide par suite des étincelles qui s'y produisent, le « collecteur », est aujourd'hui assuré d'une longue durée, grâce à une meilleure proportion entre les éléments des machines et à l'emploi de balais en charbon qui ont permis de rendre les étincelles inoffensives. Dans les types modernes de machines à courants alternatifs, cette difficulté est même éliminée par la suppression de cet organe; on construit aujourd'hui des machines dans lesquelles tous les organes où l'électricité est engendrée sont fixes; la seule partie mobile est une sorte de volant massif en acier, aussi robuste que le volant même de la machine à vapeur, dont il tient souvent lieu.

Autrefois les machines génératrices électriques tournaient à une vitesse très grande; on atteignait 1.000 à 1.500 tours pour les petites génératrices. On y trouvait l'avantage d'avoir des machines légères et économiques; mais cette disposition, que l'on conserve encore lorsqu'elle est justifiée, entraînait l'emploi de transmissions par courroies ou par engrenages, compliquées, encombrantes, absorbant du travail et souvent dangereuses pour le personnel. Aujourd'hui, grâce aux perfectionnements réalisés dans la construction des machines et à la puissance croissante des types construits, on peut, dans toutes les grandes stations, se dispenser de ces transmissions et accoupler directement la machine électrique avec son moteur, en en faisant pour ainsi dire un seul appareil générateur, qu'on appelle la *dynamo à vapeur* ou la *dynamo-turbine*, suivant la force motrice employée. Rien n'est plus simple aujourd'hui qu'une station équipée avec de semblables machines, et les rendements obtenus sont remarquablement élevés: ils atteignent aisément en charge normale 92 0/0 et même davantage pour la puissance de 100 chevaux et au delà; pour les plus petites génératrices (5 à 10 chevaux) ils ne descendent pas au-dessous de 0,70 à 0,80.

C'est surtout lorsqu'il s'agit d'utiliser des forces hydrauliques que les dynamos se présentent comme des appareils d'une merveilleuse souplesse, pouvant fonctionner, suivant les cas, aux vitesses lentes qui conviennent aux faibles chutes (on est descendu jusqu'à 28 tours par minute) aussi bien qu'aux vitesses élevées des hautes chutes; elles peuvent être construites avec un axe de rotation vertical aussi bien qu'avec un axe horizontal. Grâce à cette précieuse facilité d'adaptation, on a pu les associer à tous les moteurs hydrauliques, mais surtout aux turbines. Pour les très hautes chutes, telles qu'on en trouve en Californie, on a appliqué avec succès les roues Pelton à la commande directe des dynamos. Mais ce type de moteur ne s'est pas répandu jusqu'ici en Europe.

Dans les grandes installations les plus belles et les plus récentes, et en particulier Chèvres, Niagara Falls, etc., l'usine hydraulique est divisée en deux étages : au bas la salle des turbines, en haut la salle des dynamos, chaque turbine portant à l'extrémité de son axe vertical la dynamo correspondante. Rien de plus simple qu'une semblable installation et rien de plus facile à entretenir. Les organes sont facilement accessibles, et des ponts roulants qui circulent dans les salles des machines permettent les démontages et les réparations rapides. L'expérience a démontré que des installations de ce genre présentent une sécurité de fonctionnement incomparable ; grâce aux précautions qu'on prend, d'autre part, pour mettre hors de portée tous les conducteurs dont la tension électrique serait périlleuse, on peut considérer les dangers de personnes comme absolument écartés dans ces usines.

Des machines hydrauliques aussi puissantes n'avaient jamais été réalisées avant l'emploi de l'électricité, car elles eussent été sans objet, faute d'applications suffisantes dans le périmètre restreint où elles pouvaient être utilisées.

Il semble qu'aujourd'hui il reste peu de progrès à faire dans la production de l'électricité par des chutes d'eau ; tout au plus pourra-t-on modifier des détails d'établissement, réduire les frais d'installation, augmenter un peu les rendements ; encore ces modifications portent-elles plutôt sur les moteurs hydrauliques que sur le matériel électrique.

Il n'en est pas de même pour la production de l'électricité par le charbon : les procédés actuels ne nous permettent guère d'en retirer sous forme d'électricité plus de 8 à 10 0/0 de l'énergie que contient le combustible. De grands progrès restent donc à réaliser ; l'un de ceux dont on dispose aujourd'hui, c'est l'emploi de moteurs plus économiques que les moteurs à vapeur ou à gaz ordinaire ; la transformation préalable du charbon en gaz combustibles non éclairants, dits gaz pauvres, qu'on emploie à l'alimentation de moteurs à gaz, donne dès maintenant une solution plus économique du problème que la machine à vapeur, la consommation moyenne s'abaissant de 1 kilogramme par cheval-heure à 700 grammes et même moins. Bien que diverses considérations d'ordre pratique aient retardé jusqu'ici le développement de cette méthode nouvelle, elle a déjà fait ses preuves pour la production économique de l'électricité ; en France, plusieurs stations municipales d'éclairage électrique, employant ces moteurs à gaz pauvres, fonctionnent déjà avec succès, et deux des plus récentes installations de tramways électriques en Suisse, à Zurich et à Lausanne, emploient ces moteurs. Les procédés Diesel, plus récents encore, ouvrent enfin un nouveau champ au progrès des moteurs thermiques.

Emmagasinement et transport de l'énergie accumulée. — L'emmagasinement de l'énergie sous forme électrique peut se faire facilement à l'aide des accumulateurs des types inventés par nos compatriotes Gaston Planté et Faure. L'énergie fournie à l'accumulateur se retrouve dans celle qu'il rend à la décharge, moins une perte qui atteint 20 à 30 0/0 ; c'est là une diminution importante qui fait payer assez cher les avantages de l'emmagasinement. En outre, pendant de longues années, l'accumulateur a été un instrument tellement imparfait et d'un entretien si difficile que l'on reculait avec raison devant son emploi.

Aujourd'hui qu'on sait mieux établir ces appareils et qu'on en a restreint l'emploi aux cas où on peut les employer dans de bonnes conditions, leur fonctionnement est devenu vraiment pratique. A condition d'adopter dans les installations fixes un poids élevé de matière par rapport à la puissance à produire, 300 à 400 kilogrammes, par exemple, par cheval de puissance (au lieu de 150 à 200 kilogrammes pour les batteries transportables) et 50 kilogrammes par cheval-heure emmagasiné, et de faire travailler les accumulateurs avec modération, on peut en tirer un bon parti, sans qu'ils se détériorent trop promptement, et réduire le taux d'entretien et d'amortissement au chiffre acceptable de 12 à 15 0/0.

Dans ces conditions ces appareils peuvent avoir des rendements de 70 à 80 0/0 et donner des résultats économiques satisfaisants, si on leur fait accumuler seulement une partie de l'énergie électrique distribuée. C'est ce qu'on fait aujourd'hui dans toutes les grandes stations de distribution de lumière, pour régulariser la production d'énergie, malgré la variation continuelle de la consommation par les abonnés. L'économie qu'on réalise ainsi sur les frais d'installation des machines motrices et sur leur consommation de charbon est suffisante pour compenser, et au delà, les dépenses et les pertes occasionnées par la batterie.

Aussi en Europe, et surtout en Allemagne, presque toutes les stations centrales modernes pour l'éclairage sont-elles munies de batteries d'accumulateurs; aux États-Unis eux-mêmes, les poids des plaques d'accumulateurs installés vont en croissant, chaque année, rapidement (1.650.000 kilogrammes, en 1898, contre 160.000, en 1897).

Il n'en est plus du tout de même lorsqu'il s'agit réellement d'accumuler toute l'énergie pour la distribuer ensuite. Dans ce cas il est encore plus économique actuellement de créer des réservoirs d'eau.

Le prix élevé des accumulateurs et de leur entretien, joint à leur poids considérable, en limite beaucoup les applications au transport de l'énergie électrique sous la forme accumulée. Celle-ci est pratiquée seulement pour distribuer l'énergie à domicile, chez des consommateurs d'occasion, pour alimenter des automobiles routières, et dans quelques rares installations de tramways électriques des villes où l'on interdit les canalisations aériennes et où la circulation est assez active pour couvrir les frais d'un système assez cher.

Il est facile de voir qu'à perte égale on peut aller beaucoup plus loin, avec de l'énergie accumulée sous forme de combustible, que si elle est emmagasinée dans un accumulateur. On a calculé, par exemple, qu'avec une perte de 10 0/0 sur l'énergie transportée on peut, dans certaines hypothèses, amener celle-ci approximativement aux distances relatives suivantes, en chiffres ronds :

	PAR ROUTE	PAR TRAMWAY	PAR CHEMIN DE FER
	kilomètres	kilomètres	kilomètres
Charbon	100	250	1.000
Accumulateurs	5	10	25

On voit l'énorme supériorité du premier mode sur le second au point de vue économique. Il faut donc des considérations exceptionnelles pour justifier l'emploi actuel de ce dernier.

Dans les transports fluviaux l'accumulateur est plus commode et plus propre que la machine à vapeur, ce qui le fait employer pour la navigation de plaisance. Les considérations de poids étant moins importantes que l'encombrement, peut-être deviendra-t-il utilisable dans l'avenir pour la navigation commerciale, si l'on dispose, le long d'une rivière ou d'un canal, de stations de charge suffisamment nombreuses et économiques, alimentées par exemple par le courant provenant d'usines hydro-électriques.

En attendant, on est en droit de considérer la transmission immédiate de l'énergie comme le seul procédé électrique réellement industriel.

III. — Procédés employés pour la transmission directe et la distribution de l'énergie.

La canalisation de l'énergie électrique se fait au moyen de conducteurs, ordinairement en cuivre ou en bronze, portés sur des isolateurs, comme les lignes télégraphiques, s'ils sont aériens, ou enveloppés d'une gaine isolante, s'ils sont enfouis dans le sol. L'isolation des conducteurs par rapport au sol, par où l'électricité tendrait à s'écouler, si elle trouvait un passage libre, est d'autant plus difficile que les tensions sont plus élevées; et cependant, comme on s'en rend compte facilement, l'emploi des courants électriques à haute tension est un des progrès les plus importants qui aient été réalisés depuis quinze ans dans l'électricité industrielle.

Toute distribution d'électricité est caractérisée, comme une distribution d'eau, par deux éléments, le débit et la pression, dont le produit représente la puissance distribuée. Le débit ou intensité du courant s'évalue en ampères; la pression ou potentiel, en volts; la puissance enfin, en watts, le watt étant la puissance produite par un courant débitant 1 ampère sous la pression de 1 volt. Cette puissance est égale à 1/736e de cheval-vapeur.

Le même nombre de watts peut être obtenu sous des formes différentes, suivant la pression employée. De même qu'une chute d'eau de 100 mètres débitant 10 litres par seconde produit une puissance égale à celle d'une chute de 10 mètres débitant 100 litres; de même, pour fournir 10.000 watts, on peut livrer soit un courant de 100 ampères sous 100 volts de pression, soit un courant de 10 ampères seulement sous une pression de 1.000 volts. Or la section des conducteurs nécessaires pour la transmission de ce courant est proportionnelle, toutes choses égales d'ailleurs, à son intensité, comme la section d'une conduite d'eau est proportionnelle à son débit ; il faudra donc, dans le premier cas, un fil de cuivre d'une section dix fois plus forte que dans le second et coûtant dix fois plus, ce qui n'est pas négligeable.

Si on conservait mêmes conducteurs dans les deux cas, la perte relative subie par le courant pendant son transport croîtrait, d'après une loi connue, proportionnellement au carré du débit. On est donc amené, pour transporter l'énergie économiquement à des distances un peu considérables, à l'employer sous des tensions aussi élevées que possible pour réduire le débit nécessaire (*) ; mais, d'autre part, les difficultés d'isolement des appareils et des lignes croissent très vite avec la pression, par suite des étincelles qui tendent à jaillir entre les conducteurs et les corps voisins, soit dans les lignes, soit dans les machines ; et les fuites, dont l'importance est accrue, déterminent plus facilement des échauffements des conducteurs ou des appareils, capables de produire des incendies.

Enfin les dangers du contact avec un conducteur deviennent rapidement graves pour les personnes. On peut admettre qu'un conducteur devient réellement dangereux à toucher à partir de 600 volts, s'il est parcouru par un courant continu, et 125 volts, s'il s'agit d'un courant alternatif, ce dernier amenant des contractions musculaires qui, dès 50 volts, ne permettent plus de lâcher le conducteur, si on l'a pris à la main. Au-dessous de ces valeurs, les secousses produites sont peu dangereuses. Au dessus, elles peuvent provoquer des accidents graves,

---

(*) Le débit (à égales puissances et pertes de charges relatives en ligne) étant inversement proportionnel à la tension réalisée, le poids de cuivre nécessaire pour la ligne est ainsi en raison inverse du carré de la tension. On trouvera, du reste, plus loin une formule algébrique à ce sujet.

voire même la mort, ce qui oblige à prohiber l'emploi de ces tensions élevées partout où des conducteurs nus peuvent être touchés. Les distributions par fils nus dans les lieux habités se font donc aujourd'hui à des tensions ordinaires de 100 à 125 volts; pour les courants continus seulement, on tolère des valeurs plus élevées, et au maximum de 500 à 600 volts pour les tramways électriques à fil aérien. Au-dessous de ces limites on dit que le courant est à basse tension; au dessus il est à haute tension.

Le problème du transport de l'énergie électrique se heurtait donc à un double écueil: soit un prix trop élevé, soit un danger pour la sécurité publique. On a accepté franchement l'emploi des basses tensions dans toutes les distributions de faible rayon, où le prix des canalisations entre pour une faible part dans la dépense totale, ou bien lorsque la transformation du courant serait trop compliquée.

Pour les grandes distances, au contraire, la transmission électrique n'a pu devenir possible qu'au prix de l'emploi de hautes tensions; on a rendu celles-ci acceptables en transformant, au lieu d'emploi, le courant de haute tension amené par des lignes inaccessibles ou des conducteurs bien recouverts, et qu'on appelle courant primaire, en un courant à basse tension qu'on appelle secondaire et qui est seul envoyé chez les consommateurs.

Les transformateurs de courant continu sont des machines tournantes exigeant une surveillance. Les courants alternatifs ont permis de supprimer cette sujétion, grâce à l'emploi de transformateurs fixes, formés d'un noyau portant deux enroulements primaire et secondaire parfaitement isolés. Le rendement de ces appareils en charge peut atteindre aujourd'hui 96 à 98 0/0 pour les grandes puissances : par exemple, on peut transformer de cette manière un courant de 100 ampères sous 10.000 volts en 9.600 ampères sous 100 volts.

Comme ces appareils jouissent de la propriété réciproque, on a depuis six ans introduit dans beaucoup d'installations à haute tension l'emploi, à la station génératrice, de transformateurs-élévateurs qui permettent de produire dans celle-ci l'énergie électrique aussi à basse tension et de la porter à haute tension seulement sur la ligne; on assure ainsi une sécurité plus complète du personnel et des appareils. Lorsque les pressions sur la ligne dépassent 5.000 volts, on trouve souvent avantage à faire la transformation en deux temps. Il existe par exemple des distributions à 10.000 volts où l'on ramène d'abord la tension à 2.500 ou 2.000 volts avant de la répartir dans des sous-stations de distribution où on la ramène à 110 ou 120 volts, chiffres usuels.

Un dernier perfectionnement restait à réaliser pour obtenir de l'électricité, comme agent de distribution, toute la souplesse nécessaire: c'était la possibilité de convertir une espèce de courant en une autre espèce, le courant continu en courant alternatif, ou inversement. Ce résultat, qu'on pouvait obtenir d'une façon coûteuse par l'accouplement d'un moteur et d'une génératrice, est aujourd'hui acquis plus économiquement, grâce aux appareils convertisseurs, très ingénieux, imaginés depuis quatre ou cinq ans, notamment les machines « commutatrices », et les permutateurs imaginés par MM. Leblanc et Hutin. Ces organes nouveaux permettent aujourd'hui d'aborder tous les problèmes de distribution avec une extrême facilité, sans que l'on ait à se préoccuper à l'avance du mode d'utilisation choisi par les abonnés.

La *distribution* de l'énergie chez plusieurs consommateurs se fait à l'aide de canalisations étendues, portant le nom de *réseau*, munies de branchements qui pénètrent dans les maisons. La condition essentielle que doit remplir une distribution, c'est d'assurer l'indépendance absolue des organes récepteurs: si la consommation de l'énergie de l'un de ceux-ci vient à se modifier accidentellement ou par la volonté du consommateur, les récepteurs voisins, alimentés par la même usine, ne doivent en éprouver aucun contre-coup dans leur fonctionnement. Ce problème peut être considéré comme bien résolu aujourd'hui; il existe même deux méthodes de distribution qui satisfont à ce désidératum: l'une où tous les récepteurs en service sont parcourus par un même courant qui est maintenu constant, l'autre où chaque moteur ne prend qu'une dérivation sur la canalisation principale. La première est réservée à des cas spéciaux; la seconde, identique au mode de distribution des canalisations d'eau, est universellement appliquée, avec diverses formes plus ou moins économiques, sous le nom de distribution à potentiel constant. Grâce à un bon réglage de la vitesse des machines à l'usine et, autant que possible, à l'emploi d'accumulateurs régulateurs, ces distributions peuvent maintenir une indépendance assez grande entre les récepteurs pour permettre, en général, d'employer sur un même réseau des moteurs et des lampes.

IV. — Utilisation de l'énergie électrique.

Les moyens de transmission qu'on vient de passer en revue permettent d'utiliser l'énergie électrique pour diverses applications qui sont indépendantes de la distance à laquelle elle est transportée. On peut donc les exposer sans se préoccuper de la longueur des lignes, à la condition de réserver cependant pour un paragraphe spécial l'examen du transport à très grande distance.

Cette réserve est justifiée, d'après ce qu'on a vu plus haut, aussi bien au point de vue économique qu'au point de vue technique: dans le premier cas, la canalisation ne présente pas de difficulté et n'entre que pour une faible part dans le prix de revient de la transmission;

dans le second cas, au contraire, la canalisation devient la dépense prédominante à partir d'une certaine distance et exige l'emploi de très hautes tensions sortant de la pratique courante.

Les applications de l'énergie électrique peuvent se classer en deux catégories distinctes : les applications immédiates, où l'on utilise cette énergie directement, et les applications mécaniques, où l'on doit la transformer de nouveau en énergie mécanique avant de l'employer. On passera en revue séparément ces deux espèces d'applications, en indiquant autant que possible leur état actuel.

A. — Utilisation immédiate de l'énergie.

Le premier mode d'utilisation de l'énergie électrique comprend la distribution d'éclairage électrique et la production de produits industriels par le courant lui-même. Peut-être verra-t-on un jour des manufacturiers installer des filatures, des tissages, etc., dans les pays déserts, au voisinage d'une chute d'eau; il n'en existe pas encore d'exemple, et du reste il serait difficile d'utiliser ainsi de très grandes puissances ; mais l'utilisation sur place est déjà appliquée, avec un succès croissant, à des industries d'une autre espèce, les industries métallurgiques et chimiques, dont certaines sont nées de toutes pièces de l'électricité.

La production industrielle de l'aluminium et celle du carbure de calcium, pour citer les deux plus importantes, bien que les dernières nées des industries électro-chimiques, sont devenues possibles seulement le jour où l'on a disposé d'une énergie assez économique pour abaisser le prix de fabrication de ces matières au taux qu'elles ont actuellement.

Éclairage électrique. — Les procédés et la diffusion actuelle de l'éclairage électrique public et privé dans les grandes villes sont trop connus pour qu'il y ait lieu de s'y arrêter. Cet éclairage est d'ailleurs plutôt du domaine municipal. Les stations, dont les chiffres totaux ont donné lieu pour la France et pour l'Allemagne aux statistiques citées plus loin (*Annexes n° 1 et n° 2*), sont presque toutes des stations de distribution générale, pouvant alimenter des récepteurs de toute espèce, lampes et moteurs ; mais, dans les distributions urbaines, c'est l'éclairage (bientôt peut-être avec le chauffage), qui constitue l'application presque exclusive du courant.

A côté des grandes installations urbaines, il convient de remarquer qu'il existe aujourd'hui une foule d'installations rurales d'éclairage électrique, surtout dans les pays de montagnes, particulièrement en Suisse et en France. Grâce à la présence d'un moulin déjà existant où l'on place une dynamo de quelques chevaux, ou d'une chute d'eau facilement utilisable, et à l'emploi de conducteurs aériens peu dispendieux, beaucoup de communes rurales, où règne un esprit d'initiative suffisant, peuvent installer à bon compte une distribution à basse tension, simple et sans danger, n'exigeant qu'une surveillance très sommaire et peu coûteuse. Suivant les besoins locaux, l'éclairage peut être simplement public ou en même temps public et particulier. L'un et l'autre se font ordinairement par lampes à incandescence n'exigeant pas d'entretien. Les lampes restant constamment en circuit, on met la machine en marche au coucher du soleil et on l'arrête à onze heures ou minuit.

Le tableau donné en appendice (*Annexe n° 3*), relatif à une seule région de la France, montre suffisamment combien ces entreprises se sont rapidement développées dans nos pays de montagne.

Le prix de vente de l'éclairage dans ces petites installations, en France, varie entre 10 et 50 francs par lampe de 15 à 16 bougies et par an. Dans les localités les plus importantes, on admet, du reste, des abonnements au compteur, à des prix de 0 fr. 80 à 1 fr. 50 le kilowatt-heure.

Ces installations rurales d'éclairage présentent un intérêt social de premier ordre, tant par les services qu'elles rendent naturellement en encourageant une classe laborieuse de la population à lire et à s'instruire pendant les soirées d'hiver que par l'introduction graduelle qu'elles amèneront dans les villages des applications mécaniques, industrielles ou agricoles, dont on parlera plus loin. On ne saurait donc trop favoriser en France l'établissement des transmissions électriques qu'elles nécessitent pour utiliser des chutes d'eau un peu éloignées.

Industries électro-chimiques et électro-métallurgiques. — Ces industries, si on en excepte la galvanoplastie et l'argenture, sont d'origine relativement toute récente et sont loin, par conséquent, d'avoir pris le développement qu'on est en droit d'en attendre dans l'avenir.

Elles ont pour but d'utiliser les actions chimiques et calorifiques du courant pour la production de composés qu'on n'obtenait jusqu'ici que par des réactions chimiques et par l'application de la chaleur. On peut les distinguer en cinq grandes catégories, suivant qu'elles ont pour objet l'électro-déposition des métaux, le traitement des minerais et le raffinage des métaux par voie humide, le traitement des métaux par voie ignée, la production des produits chimiques par voie humide et la production de produits chimiques par voie sèche. Les procédés par voie humide reposent sur l'électrolyse, ou décomposition par le courant des sels dissous ; ceux par voie sèche consistent dans l'électrolyse des sels fondus ou dans la production des réactions par la chaleur de l'arc électrique.

L'*électro-déposition des métaux* comprend la galvanoplastie, c'est-à-dire la reproduction des modèles par dépôt de métal dans des moules pris sur les objets à reproduire, le cuivrage, la nickelure, l'argenture et la dorure, le zincage et l'étamage. Ces applications ont pris un énorme développement. On estime, par exemple, le poids d'*argent* déposé annuellement dans le monde à 125 tonnes, représentant une valeur d'environ 25 millions de francs. La galvanoplastie rend de grands services aux industries d'art et à la gravure, en permettant d'obtenir directement des *clichés* en cuivre, d'après les gravures sur bois.

Le *raffinage des métaux* a pour but de tirer les métaux purs des métaux bruts impurs; ce résultat s'obtient en transportant le métal par voie électrolytique; les impuretés échappent au transport et restent comme résidus au fond des cuves. On a imaginé divers procédés de raffinage du plomb, de l'argent, de l'or, du cuivre, etc. Ces derniers (affinage du cuivre) ont eu un plein succès, car ils donnent un métal très pur et très bon conducteur, ayant une grande valeur industrielle. On peut, en outre, obtenir directement le dépôt sous forme de tubes extrêmement homogènes sans soufre (procédé Ellmore). Ces avantages ont amené un rapide développement du raffinage électrolytique du *cuivre noir*, lorsqu'il contient de l'or et de l'argent (3 à 400 francs par tonne); il existe dans ce but de nombreux procédés employés dans près de 40 usines.

Parmi les principales de ces raffineries on peut citer en Amérique celles d'Anaconda, de Perth-Amboy, de Newark, Great-Falls; en Europe, celles de Hambourg, Oker, Berlin, Burbach, Francfort, Pembrey, Widness, Svansea, Biache, Marseille, Pont-de-Chéruy, Éguille, Lyon, Bellegarde, Dives, etc., etc.

Les raffineries européennes produisent 20 à 30 tonnes par jour à 65 à 90 francs par tonne, mais ce chiffre ne représente que 5 0/0 de la consommation industrielle du cuivre. Les usines américaines produisent à elles seules 120.000 tonnes par an à 40 ou 50 francs par tonne.

La quantité d'énergie nécessaire pour déposer 1 kilogramme de métal est évaluée à 0,7 cheval-heure pour l'or et le platine, 0,9 pour l'étain, 3,5 pour le cuivre.

Plusieurs usines traitent aujourd'hui par voie électrolytique les déchets de fer-blanc pour en extraire l'étain.

Le *traitement direct* des mattes et minerais pour la production électrolytique des métaux est également possible, mais présente plus de difficultés pratiques; parmi ces procédés, quelques-uns ont pris un certain développement industriel, notamment le procédé Marchese, employé pour la production du cuivre dans diverses mines italiennes, le procédé Ashcroft, employé pour le traitement des minerais de plomb argentifère aux mines de Broken-Hills, en Australie, etc. Mais ils semblent aujourd'hui presque tous pratiquement abandonnés. Au contraire le procédé Siemens et Halske pour le traitement des minerais d'or est employé avec succès au Transvaal.

La *production de produits chimiques par voie humide* est encore à ses débuts par suite des difficultés techniques considérables à résoudre, et il reste de ce côté une mine féconde à exploiter pour les inventeurs. Les efforts de ceux-ci se sont portés jusqu'ici principalement sur l'électrolyse du chlorure de sodium ou de potassium (celui-ci provenant ordinairement des mines de Stassfurth) ; cette décomposition est effectuée dans divers buts, soit production de chlorate de potasse, soit production d'une liqueur de blanchiment, soit enfin production simultanée de soude et de chlorure de chaux.

La fabrication électrique du chlorate de potasse se fait aujourd'hui par plusieurs procédés : Gall et de Montlaur (perfectionnée par M. F. Corbin), Franchot et Gibbs, Hulin, Castner, procédé de la Chemical Construction Co, etc. Le premier est employé dans deux usines importantes : à Vallorbes, où on utilise dans ce but une puissance hydraulique de 3.000 chevaux prise sur une chute de l'Orb, et où l'on produit 800 tonnes de chlorate par an, et à Chedde sur l'Arve, où l'on utilise 12.000 chevaux pour une fabrication annuelle de 3.000 tonnes ; à Saint-Michel-de-Maurienne, Savoie (2.000 chevaux) ; à Avesta, Suède (3.500 chevaux), etc. Par le procédé Gall et Montlaur on obtient 1 kilogramme de chlorate de potasse par 20 chevaux-heure, tandis qu'il faut dans les anciens procédés 25 kilogrammes de charbon par kilogramme, sans compter l'acide et la chaux. On produit déjà 6.500 tonnes par an.

La fabrication de la soude et de la potasse caustiques est moins avancée, mais elle présente une telle importance industrielle qu'elle est l'objet de perfectionnements constants. Plusieurs procédés sont déjà exploités : à Griesheim, on fabrique annuellement, avec 200 chevaux, 800 tonnes de potasse ; la Société Richardson et Holland fabrique en grand la soude ; une usine de 1.000 chevaux pour la fabrication d'une tonne de potasse et soude par jour est installée aux chutes du Niagara, etc.

La Société des Soudières électrolytiques a installé à Livet-et-Gavet (Isère) une importante usine disposant de 5.000 chevaux provenant d'une chute dérivée de la Romanche ; l'installation produit journellement 4 tonnes de soude caustique et 8 tonnes de chlorure de chaux par les procédés Hulin.

La « Volta », Société lyonnaise de l'Industrie électro-chimique, va fabriquer le chlore et la soude, puis d'autres produits, dans une usine de 2.500 chevaux, sur l'Isère, à Moutiers, par les procédés Outhenin-Chalandre, que la Société la « Volta » suisse exploite, d'autre part, à Seveux et à Chèvres.

En Amérique, la Chemical Construction Co vient d'installer au Niagara une grande fabrique des deux chlorates de soude et de potasse, où l'on espère fabriquer ultérieurement le chlorure de baryum, le chloroforme et l'iodoforme. Cette usine achète son énergie à la grande Compagnie du Niagara sous forme de courant alternatif à haute tension, qu'elle convertit en courant alternatif à basse tension, puis en courant continu; l'équipement comprend quatre convertisseurs rotatifs de 250 chevaux chacun, et deux transformateurs fixes de 500 chevaux; la fabrication est actuellement de 2 tonnes de chlorate par jour.

Les « Mathieson Alcali Works » ont une installation analogue qui utilise déjà 3.000 chevaux.

Le *blanchiment électrolytique*, imaginé par M. Hermite, a pour but d'éviter la fabrication du chlorure de chaux; la liqueur blanchissante est préparée dans des cuves en fonte par électrolyse d'une solution de chlorure de sodium additionnée de chlorure de magnésium, qui peut resservir presque indéfiniment en repassant chaque fois dans l'électrolyseur; 10 chevaux produisent l'équivalent de 100 kilogrammes de chlorure de chaux. Ce procédé est employé avec succès dans une centaine de papeteries, par exemple celles d'Essonnes, La Haye-Descartes, Lancey, etc. On remplace ainsi annuellement plus de 1.000 tonnes de chlorure de chaux, avec une économie de 30 à 50 0/0 sur les procédés de blanchiment ordinaires.

En Allemagne, la maison Siemens et Halske exploite dans le même but le procédé Kellner.

Il faut citer enfin parmi les industries électro-chimiques par voie humide, le tannage électrique, l'électrisation des vins, etc., dont il existe un certain nombre d'applications.

Le *traitement des minerais par voie sèche* est appliqué surtout à la production de l'*aluminium*. Les matières premières employées sont la cryolithe, et surtout la bauxite, dont la France renferme d'énormes gisements.

La dépense d'énergie nécessaire est évaluée à 40 ou 50 chevaux-heure par kilogramme d'aluminium par produit.

Au début, pendant plusieurs années, on a employé aux usines de Milton et Lockwood (Angleterre), et aussi en

Suisse et en France, le procédé Cowles, qui permettait seulement d'obtenir des alliages; aujourd'hui on préfère obtenir l'aluminium par les procédés Minet, Héroult-Kiliani, Hall.

Le procédé Héroult est appliqué depuis huit ans par l'Aluminium Industrie Aktien-Gesellschaft, à Neuhausen, sur le Rhin (Suisse). En 1888, la puissance motrice de cette usine n'était que de 300 chevaux; en 1891, elle était portée à 1.500 chevaux par l'installation de deux turbines de 600 chevaux; quatre autres turbines du même type ont été installées en 1893, et récemment une nouvelle turbine, de 600 chevaux également, a été ajoutée pour servir de réserve. La même Compagnie a construit récemment à Rheinfelden, près de Bâle, une nouvelle usine hydraulique de 10.000 chevaux et acquis une chute d'eau en Autriche.

Le procédé Héroult est également appliqué en France par la Société électro-métallurgique. De 1889 à 1893, la fabrication de l'aluminium était faite à Froges (Isère); depuis, elle s'effectue à La Praz (10.000 chevaux), sur l'Arc, en Savoie, l'usine de Froges étant, comme on le dira plus loin, utilisée en grande partie pour la fabrication du carbure de calcium en même temps que pour celle du ferro-aluminium.

La Société industrielle de l'Aluminium exploitait à Saint-Michel (Savoie) le procédé Hall avec 4.000 chevaux; elle vient de cesser cette fabrication.

En Angleterre, la British Aluminium Company, qui possédait à Larne Harbor, près Belfast, une usine pour la préparation de l'alumine pur, vient d'installer à Foyers (Écosse) une station pour le traitement de cette alumine par le procédé Héroult.

Enfin des capitalistes allemands et américains utilisent une chute d'eau à Sarpsfos (Norvège), entre Christiania et Göteborg.

En Amérique, la Pittsburgh Reduction Company possède trois usines importantes pour la fabrication de l'aluminium par le procédé Hall : la première, à vapeur, à New-Kensington, où une puissance de 1.500 chevaux est produite très économiquement, grâce au bas prix du charbon (3 fr. 60 la tonne) ; la seconde, à Niagara Falls, en exploitation depuis juillet 1895 et où le courant est fourni par la Niagara Falls Power Company, dans les mêmes conditions qu'à l'usine de chlorate de Niagara, citée plus haut ; enfin une troisième, également à Niagara et alimentée par des générateurs actionnés par turbines. Cette Compagnie livre dès maintenant 2 tonnes d'aluminium par jour et atteindra 4 tonnes 1/2 après l'achèvement de la nouvelle usine.

Le tableau suivant donne la puissance motrice et la production journalière des diverses usines en exploitation en 1898 :

	Chevaux.	Tonnes.
New-Kensington (États-Unis)	1.600	1,0
Niagara Falls (États-Unis)	7.000	4,70
Neuhausen (Suisse)	4.000	2,5
La Praz (France)	10.000	6
Saint-Michel (France)	4.000	2,50
Foyers (Écosse)	2.100	1,38
Rheinfelden (Suisse)	6.000	4
Sarpfos (Norvège)	.....	....
	34.700	22,08

Aux chiffres de la deuxième colonne correspond une production annuelle d'environ 5.000 tonnes ; la production de 1896 était approximativement de 1.500 tonnes.

La fabrication de l'aluminium absorbe donc une puissance de 38.000 chevaux, pour une production journalière de 25 tonnes, soit une production annuelle de 9.000 tonnes. En 1894, la production n'avait été que de 745 tonnes.

Grâce à cet accroissement continu, le prix de l'aluminium s'abaisse rapidement; en 1895, il atteignait la moyenne de 5 francs; actuellement il est descendu à 3 fr. 50 et baissera probablement encore.

Cette énorme production d'aluminium est une véritable révolution métallurgique, car elle permettra d'employer ce métal à une foule d'industries où il remplacera avantageusement le fer par sa résistance, le cuivre par sa conductibilité, etc.; sa faible densité (2,65) et sa ténacité (20 kilogrammes par millimètre carré) le rendent, à poids égal, aussi résistant que l'acier, et il a l'avantage d'être inaltérable aux agents atmosphériques; son prix élevé et la difficulté de l'obtenir assez pur (*) en avaient retardé l'emploi; mais les applications s'en développeront rapidement, aujourd'hui que le prix en est bas et que la pureté atteint 98 à 99 0/0 (procédé Minet). La métallurgie du fer en profite, du reste, déjà elle-même, car les alliages de fer et d'aluminium ont permis d'incorporer facilement et sans trop de frais de l'aluminium dans l'acier pendant la préparation de celui-ci et d'obtenir ainsi des produits remarquables.

L'aluminium trouvera peut-être, grâce à sa légèreté, un nouveau débouché dans la construction des lignes aériennes. Divers essais ont été faits déjà pour des lignes télégraphiques et téléphoniques. Des applications importantes sont tentées aux États-Unis pour les lignes de transport l'énergie de Snoqualmie Falls à Seattle et Tacoma, et pour les transmissions aux environs du Niagara. Plusieurs grandes usines électro-chimiques de Niagara Falls ont déjà adopté l'aluminium pour leurs gros conducteurs intérieurs au même prix que le cuivre.

La France, qui est particulièrement riche en alumine

(*) On a découvert en effet que l'aluminium pur est incomparablement plus résistant et moins altérable que l'aluminium légèrement impur. C'est ainsi qu'on a pu l'adopter pour les bidons militaires, etc.

sous la forme de bauxite, peut, grâce à ses nombreuses chutes d'eau, devenir un pays producteur de premier ordre pour l'aluminium et trouver une source de richesse considérable dans cette industrie.

Les belles études de M. Moissan sur le *four électrique* et le *carbure de calcium* ont permis de fabriquer aujourd'hui dans de bonnes conditions ce produit dont la décomposition par l'eau donne l'*acétylène*. Les propriétés si précieuses de ce gaz pour l'éclairage sont dès aujourd'hui connues, et elles se vulgariseront dès que l'on sera à l'abri de toutes causes d'accidents dans son transport et sa fabrication (*).

L'avenir considérable qui semblait promis à l'emploi de l'acétylène ayant amené une véritable « fièvre » de l'acétylène, les demandes du public et le bas prix de l'aluminium conduisirent naturellement les grandes usines outillées pour la métallurgie de ce métal à produire aussi du carbure. En 1895, les usines de Neuhausen, Froges, Vallorbes, Foyers en Europe, ont entrepris cette fabrication, ainsi que l'Union Carbide Co, qui exploite les brevets Bradley et Wilson en Amérique de l'Electro Gaz Co (2.000 chevaux) aux usines de Spray, Niagara, Sainte-Marie, Appleton; l'usine du Niagara (10.000 chevaux) produit 40 tonnes par jour. Tous les jours des Sociétés se fondent pour l'aménagement de nouvelles usines; en 1899 il en existera environ 50.

On peut citer déjà parmi les plus importantes dans les Alpes françaises (sans parler des usines d'aluminium déjà

(*) Les premiers carbures industriels étaient très impurs; aujourd'hui le carbure cristallisé, preparé suivant les procédés de M. Moissan, permet d'obtenir des rendements de 300 à 330 litres d'acétylène pur par kilogramme de carbure. Dans ces conditions l'acétylène ayant, à volume égal, un pouvoir éclairant quinze fois plus grand que celui du gaz ordinaire, brûlé dans un bec papillon, l'éclairage qu'il produit coûte *provisoirement* moins cher que la plupart des éclairages ordinaires, quatre à cinq fois moins que le gaz de houille, par exemple.

indiquées plus haut dont quelques-unes fabriquent aussi du carbure) :

	Chevaux.
Société des Carbures métalliques à Notre-Dame-de-Briançon	3.000
Société de l'Electrochimie, à Saint-Michel-de-Maurienne	8.000
Rochette frères, à Épierre	1.200
Société des Forces motrices du Giffre, à Mieussy.	6.000
Société des Forces motrices du Grésivaudan, à Chapareillan	600
Société française du Carbure de Calcium, à Séchilienne	1.200
Société la Carbite, à Bellegarde	600 puis 2.000
Société du Gaz acétylène, à Chailles	1.800
Usines Bergès, à Lancey	1.000

En Allemagne, les usines de Francfort, Bitterfeld, Rheinfelden (5.000 chevaux), Augsburg ; en Angleterre, les usines de Foyers, Birmingham, Ingleton ; en Suisse, celles de Neuhausen, Vallorbes, Vernier, Vernagaz ; en Italie, celles de San-Martino (1.000 chevaux), Papigno, Ivrea ; en Suède, celle de Toolhättan ; en Espagne, celle de l'Èbre ; en Belgique, celle de Bruxelles ; au Canada, celle de Sainte-Catherine.

En Allemagne, une grande Société nouvelle, fondée sous les auspices de la Compagnie Schuckert de Nuremberg, avec un capital de 26 millions, va exploiter quatre usines de 2.300 chevaux à Gampel (Suisse), de 5.000 chevaux à Hofstand (Norvège) et à Jajce (Bosnie), et de 2.500 chevaux à Briga (Catalogne), pouvant produire 20.000 tonnes de carbure ; en même temps, la Société de Neuhausen, qui possède déjà Neuhausen et Rheinfelden, construit une nouvelle usine à Land-Gastein (Autriche).

On peut compter aujourd'hui sur une production de 3 kilogrammes par cheval-jour, ou une tonne par cheval-an. Le prix de la tonne est descendu de 500 à 300 francs, et on peut espérer le voir s'abaisser encore, par suite des demandes croissantes de ce produit.

Il y a donc là un important emploi à prévoir pour les grandes chutes d'eau, qui seules permettent en général de réaliser des puissances considérables à bon marché.

Si, comme on peut le prévoir, d'après des découvertes plus récentes, la fabrication électrique du carbure de calcium doit un jour disparaître devant des procédés chimiques plus économiques, les usines à carbure trouveront sans doute aisément d'autres produits à préparer avantageusement dans leurs fours.

La production d'autres carbures, borures, siliciures et de nombreux métaux précieux ou rares, tels que le chrome, le vanadium, etc., est également rendue facile par l'emploi du four électrique. Les procédés imaginés dans ce but par M. Moissan sont déjà exploités en France par la Société électro-métallurgique de Laval et prendront certainement de l'extension dans l'avenir. La Compagnie du Carborundum prépare sous ce nom un siliciure de carbone, susceptible de remplacer le diamant dans un grand nombre d'applications industrielles, et elle emploie dans ce but une puissance de 1.000 chevaux au Niagara et de 1.200 chevaux à La Bathie (Savoie).

Le four électrique semble devoir donner lieu aussi à une autre industrie importante pour la préparation du phosphore.

On estime actuellement l'ensemble des puissances hydrauliques utilisées par les industries électro-chimiques, dont l'annexe n° 5 (p. 159) résume les principales, à plus de 60.000 chevaux, et à 200.000 chevaux la puissance des chutes qu'on pourrait utiliser facilement, d'après des estimations approximatives; la puissance disponible hydraulique dans les Alpes atteindrait près de 5 millions de chevaux.

B. — Applications mécaniques.

Moteurs électriques. — Les engins ou les outils mécaniques de toute espèce peuvent tous, avec la plus grande facilité, être actionnés par des moteurs électriques au lieu des moteurs mécaniques précédemment en usage. Les moteurs électriques, qui servent à transformer l'énergie électrique reçue d'une ligne, en travail mécanique, sont en général formés de deux parties, l'une fixe, l'autre tournant d'un mouvement de rotation uniforme ; c'est l'arbre de celle-ci qui commande les organes à manœuvrer.

Leur rendement est aujourd'hui à peu près le même que celui des dynamos génératrices; il dépend de la quantité de matériaux employés, et une machine plus chère peut avoir un rendement supérieur à celui d'un moteur à bon marché. La différence est surtout importante pour les petits appareils de moins de 1 cheval. Pour des moteurs de bonne construction, on trouve *en charge* des valeurs voisines des suivantes :

0,60 à 0,70 pour les très petites puissances (1/8 à 1 cheval);
0,70 à 0,80 pour les petites puissances (1 à 5 chevaux);
0,80 à 0,85 pour les moyennes puissances (5 à 25);
0,85 à 0,90 pour les grandes puissances (25 à 100);
0,90 à 0,92 pour les très grandes puissances (100 à 500).

Le rendement varie, comme on le voit, beaucoup moins avec la grandeur du type employé que celui d'une machine à vapeur ou à gaz, qui consomme trois ou quatre fois plus par cheval dans les petites puissances que dans les grandes; même pour le petit type de 1/5 de cheval, l'économie du moteur électrique est assez satisfaisante.

La variation de charge n'a aussi que peu d'influence ; dans un moteur bien construit, le rendement ne s'abaisse que de 25 ou 30 0/0 à 1/4 de charge et de 10 à 15 0/0 sous une charge de 30 0/0 ; la puissance absorbée par la marche à vide n'est que de 0,05 à 0,10 0/0 de la puissance normale dans les moteurs moyens, 0,10 à 0,20 pour les petits, tandis que, dans un moteur à gaz équivalent, la consommation à vide est de 30 à 40 0/0 de la dépense normale.

On construit les moteurs électriques pour courants continus et pour courants alternatifs ; les moteurs alimentés par des courants continus ou polyphasés peuvent seuls démarrer sous charge et supporter les à-coup dans l'effort résistant. Les moteurs polyphasés ne présentent aucun organe délicat ; on peut même y supprimer tout contact frottant.

La mise en marche, l'arrêt et la régularisation de vitesse des moteurs électriques se font, pour les types usuels, avec une facilité et une précision supérieures à celles qu'on peut atteindre avec les moteurs mécaniques.

Au point de vue économique, la transmission électrique l'emporte également sur les autres procédés qui l'ont précédée ; par exemple, l'air comprimé ne donne pas des rendements de plus de 35 0/0 (ou 55 0/0 en réchauffant l'air), tandis qu'une transmission électrique à faible distance dépasse aisément 80 0/0. Les câbles télédynamiques, si employés en Suisse autrefois, donnent des pertes de 4 0/0 environ par 100 mètres, qui en limitent rapidement l'emploi ; quant à l'eau sous pression, elle ne donne pas un rendement pratique de plus de 60 0/0.

Au point de vue technique, il y a eu quelques tâtonnements de début pour réaliser dans les meilleures conditions cette adaptation des moteurs électriques à des engins déjà existants ; il a fallu choisir convenablement les vitesses, établir des transmissions par courroies, engrenages ou vis, bien proportionnées ; mais les difficultés ont été vite vaincues, et les constructeurs ont établi des types de moteurs et d'engins adaptés parfaitement l'un à l'autre et qui sont devenus d'un emploi courant.

C'est ainsi qu'on trouve aujourd'hui des machines-outils électriques pour tous les travaux d'ateliers, des tours, perceuses, raboteuses, fraiseuses, etc., des engins de levage, treuils, grues, cabestans, monte-charges, ascenseurs électriques, des pompes centrifuges ou à piston électriques, des ventilateurs électriques ; des métiers à tisser, des machines à coudre et autres machines domestiques, actionnées électriquement, etc., etc... D'une manière générale, il n'existe pas un seul engin mécanique qui ne puisse être avantageusement commandé par l'électricité. L'un des problèmes les plus difficiles à résoudre par les moteurs électriques, celui de la production de mouvements alternatifs, a lui-même trouvé plusieurs solutions satisfaisantes, soit grâce à l'emploi de transformations de mouvement, soit par la création d'électromoteurs de types spéciaux dérivant du marteau-pilon électrique de M. Marcel Deprez. C'est ainsi qu'on possède aujourd'hui des perforatrices électriques à percussion (des types Thomson-Houston, Marvin, Siemens), employées quelquefois en Amérique et en Europe, concurremment avec les perforatrices électriques rotatives.

Grâce à sa souplesse d'adaptation, le moteur électrique peut trouver des applications dans toutes les branches de l'activité humaine ; on va passer en revue quelques-unes des plus importantes.

Application dans les usines. — La plus considérable actuellement est celle de la distribution de la force dans les usines, fabriques et ateliers, établis souvent sur de vastes étendues de terrain et souvent morcelés.

De tous les modes de transmission, il est aujourd'hui démontré que, malgré les faibles distances considérées, la transmission électrique est le meilleur pour cette application. En effet elle simplifie énormément les installations, en faisant disparaître les longs arbres de renvoi et les courroies sans nombre, si encombrantes, qui caractérisent les ateliers mécaniques anciens ; elle supprime ainsi de nombreuses causes d'accidents, les dépenses de travail stériles occasionnées par les frottements de toutes les pièces en mouvement et les frais d'entretien de celles-ci. Elle permet de déplacer à volonté les outils ou appareils. La distribution électrique permet de concentrer toute la production d'énergie nécessaire à une grande usine en un seul point, et d'employer ainsi un personnel réduit et des machines puissantes présentant un rendement supérieur à celui des petites. Enfin elle rend, si on le veut, la vitesse invariable, avantage précieux dans certaines industries.

La distribution de la force aux engins ou outils se fait suivant deux méthodes différentes : tantôt on actionne par chaque moteur électrique un petit arbre de transmission commandant plusieurs outils, tantôt on pousse la division à l'extrême en affectant à chaque outil un moteur spécialement approprié comme puissance et comme vitesse; cette dernière méthode est celle qu'on emploie aujourd'hui de préférence, pour tirer tout le bénéfice possible des avantages de la transmission électrique ; on va même jusqu'à affecter, dans certains cas, plusieurs moteurs à certains outils. Cette combinaison est reconnue être la plus avantageuse et, en réalité, la plus simple pour les appareils de levage, grues, ponts roulants, etc.

Il est vrai qu'avec les transmissions électriques il faut compter une dépense de premier établissement supérieure d'environ 20 à 25 0/0, suivant l'importance et les circonstances locales, à celle d'une transmission ordinaire; mais ces frais supplémentaires sont vite amortis par le bénéfice réalisé annuellement sur la force motrice. D'après les chiffres fournis au XVIIe Congrès des Ingénieurs en chef des Associations de propriétaires de machines à vapeur, les pertes par transmissions mécaniques (engrenages ou courroies, poulies et arbres de transmission) peuvent varier entre 18 0/0 pour usine pour fil de laine peignée, et 72 0/0 pour usine de construction métallique; tandis qu'avec les transmissions électriques les pertes totales ne dépassent pas 25 à 30 0/0. Si l'on tient compte, en outre, du fait que la perte des transmissions mécaniques est constante, tandis que celle de la transmission électrique varie proportionnellement au travail utile, on arrive à réaliser avec cette dernière des économies de 10 à 70 0/0, suivant les cas, sur les dépenses d'exploitation. Plusieurs études importantes, publiées à la suite de nombreuses mesures par MM. Richter, Sartiaux, Hartman, etc., ont mis cette économie hors de doute.

Ces avantages ont amené déjà un grand nombre d'industriels à adopter définitivement les transmissions électriques dans tous leurs ateliers. De premiers essais avaient été faits dès 1883 aux ateliers de la Compagnie de l'Est à Paris, et l'exemple d'une grande installation d'ensemble a été donné en 1889 par les ateliers de construction militaire de Puteaux, où le capitaine Leneveu créa du premier coup une installation modèle comprenant 21 moteurs et 200 chevaux environ. Il a été suivi par la Compagnie du Nord, dans les ateliers du service électrique, en 1890; par la manufacture d'armes de Herstal (Belgique), en 1891 (4.000 chevaux); puis par toutes les grandes usines de construction françaises et étrangères, à commencer naturellement par les usines électriques. On peut citer en France les ateliers Bréguet, Fabius Henrion, Société l'Éclairage électrique, Société électro-mécanique, le Creusot, Fives-Lille, les ateliers des chemins de fer de l'Est à Épernay, la Manufacture d'armes de Châtellerault, les ateliers de la Seyne, Forges et Chantiers de la Méditerranée, les ateliers Lazare Weiller, Darracq et Cie, etc., et bien d'autres ateliers de construction variés.

A l'Étranger, les grandes maisons d'électricité Siemens et Halske, Allgemeine Gesellschaft, Schuckert, Siemens Bros, Oerlikon, Société l'Industrie électrique, Compagnie Westinghouse, General Electric Co, etc., ont également créé des installations modèles, imitées aujourd'hui par les autres industries. La Westinghouse Electric Co, par exemple, dont l'installation est entièrement nouvelle, nous offre l'exemple d'ateliers dans lesquels se trouve distribuée une puissance de 2.500 chevaux par une véritable station centrale ; la maison Siemens et Halske, elle aussi, n'emploie pas moins de 325 moteurs, développant une puissance de 2.000 chevaux.

Dans ces installations le courant continu tient une place prépondérante et suffit à tous les besoins, les transmissions se faisant à faible distance. On a cependant fait un certain nombre d'installations à courants polyphasés, dont quelques-unes à titre de démonstration, notamment celles des ateliers d'Oerlikon, de la Société électro-mécanique, de la Compagnie Westinghouse, qu'on vient de citer, des célèbres ateliers de construction de locomotives Baldwin à Philadelphie (700 chevaux), des ateliers du "Boston and Maine Railroad" à Concord (400 chevaux), etc.

Les avantages constatés au point de vue de l'entretien des moteurs permettent de prévoir pour l'avenir une grande diffusion de ce dernier système.

Les transmissions électriques se sont répandues en même temps et progressivement dans les fabriques ou usines de toutes espèces : forges, aciéries, fonderies, imprimeries, tissages, fabriques de papier, fabriques de ciment ou d'engrais, moulins, verreries, scieries, brasseries, malteries, sucreries et raffineries. Les installations de ce genre sont si nombreuses aujourd'hui qu'il serait difficile d'en faire une statistique. On peut citer parmi les plus importantes, en France, les forges de MM. de

Wendel (800 chevaux), forges de l'Adour (360), aciéries d'Isbergues (300 et plus tard 4.000), aciéries de Saint-Étienne (300), hauts-fourneaux de Villerupt (150); les usines à ciment de Voreppe (100) et de Dennemont (300), les moulins Darblay, les raffineries Say et Lebaudy (1.200), etc.

Pour se faire une idée de la diffusion rapide des moteurs électriques dans l'industrie, il suffit de savoir qu'une grande maison d'électricité suisse a installé déjà, pour ces usages, plus de 2.500 moteurs, représentant une puissance totale de 25.000 chevaux, et que les autres grandes maisons de construction en ont fourni proportionnellement.

L'application aux raffineries, à laquelle on vient de faire allusion en dernier lieu, bien qu'une des plus récentes, paraît destinée à prendre de grands développements, grâce à l'emploi des moteurs polyphasés; ceux-ci, n'ayant aucun organe délicat, peuvent subir des à-coup et des vitesses énormes qui en font les appareils les mieux appropriés qu'on puisse imaginer pour actionner les turbines à sucre; de nombreuses installations de ce genre ont été exécutées déjà en Allemagne, puis en France, depuis trois ans.

Application dans les gares et dans les ports. — Dans les grandes usines métallurgiques, les moteurs électriques servent surtout à actionner des engins de levage; ces appareils trouvent aussi leur emploi dans une foule d'autres industries. Ils sont particulièrement employés dans les grandes entreprises publiques ou privées de transports ou d'entrepôts, pour la manutention des marchandises.

En France, la Compagnie du chemin de fer du Nord a été la première à faire l'essai des cabestans, dont elle possède un certain nombre en service, ainsi que des grues électriques et des appareils de manœuvre à distance; elle a même installé à Calais, pour l'éclairage de sa gare, un intéressant transport de force. Plus récemment, on a réalisé des installations électriques complètes, permettant de distribuer la force à tous les engins de manœuvre, en même temps que l'éclairage, dans l'étendue d'une gare ou même d'une partie de ligne de chemin de fer. Il convient de citer, comme un remarquable exemple en France, les installations de la nouvelle ligne de Sceaux par la maison Sautter et Harlé, où une station génératrice de 120 chevaux alimente, par trois sous-stations d'accumulateurs, 500 lampes à incandescence et 96 à arc, 5 ascenseurs, 1 pont tournant, 2 plaques tournantes, 2 ventilateurs et 2 pompes. A l'Étranger, outre de nombreuses applications isolées de grues, plaques tournantes, ponts roulants ou tournants, etc., il existe déjà des exemples analogues et plus importants du rôle que devra jouer désormais l'électricité dans les gares : les gares et le port de Dresde sont desservis par une distribution puissante d'énergie électrique, à courants diphasés pour la force et monophasés pour l'éclairage ; l'usine génératrice à vapeur, de 1.000 chevaux, alimente, par une canalisation en partie aérienne et en partie souterraine, 207 lampes à arc, 780 lampes à incandescence et 45 moteurs de 1 à 20 chevaux, représentant une puissance totale de près de 200 chevaux ; 40 de ces moteurs sont employés dans les ateliers de construction. Cet exemple montre que les ateliers doivent souvent chercher leur force motrice à distance ; on en trouve des exemples plus frappants encore en Suisse, en dehors de nombreuses installations privées, dans l'installation d'une autre Compagnie de chemin de fer, la Compagnie du Jura-Simplon, à Bienne ; celle-ci utilise 350 chevaux, pris sur une chute de 850 chevaux située à 2 kilomètres de distance ; la transmission, faite par courants alternatifs diphasés à 1.800 volts, alimente d'une part les ateliers de réparation du matériel et de la traction, et de l'autre la gare de Bienne, où elle sert à charger des accumulateurs pour l'éclairage des trains ; pour cet usage, le cheval-heure utile transporté revient à environ 0 fr. 09.

Dans les ports de mer, les transmissions électriques, bien que leurs avantages économiques sur les transmissions hydrauliques soient plus discutables, s'il s'agit d'une installation isolée à créer, sont employés déjà avec succès, et particulièrement dans les villes où existaient des distributions publiques d'électricité antérieurement ; le cas leplus favorable est celui où ces distributions comportent des sous-stations d'accumulateurs, comme à Rotterdam. Après des essais à Hambourg et à Rotterdam en 1891 et 1892, de nombreuses grues électriques sont aujourd'hui en fonctionnement dans les ports allemands ; les treuils, monte-charges, etc., trouvent naturellement leur application dans les magasins. On rencontre ainsi aujourd'hui des installations d'engins de levage électrique de 900 chevaux (51 moteurs de 3 à 45 chevaux) à Rotterdam, 750 (45 moteurs de 1 à 80 chevaux) à Mannheim, 300 (21 moteurs de 6 à 35 chevaux) à Düsseldorf, 400 (57 moteurs) à Copenhague, etc.

Cette dernière installation réalise actuellement l'exemple le plus complet et le plus remarquable d'une distribution générale dans un grand port : un réseau d'éclairage alimente 107 lampes à arc, 2.000 lampes à incandescence, et un réseau de force, 57 moteurs de grues, ascenseurs, pompes, élévateurs, monte-charges, ventilateurs. Antérieurement, le port de Southampton a été doté d'une installation assez importante de grues électriques d'un autre type. Enfin, à Ymuiden (Hollande), une station à vapeur de 200 chevaux doit éclairer les écluses du canal d'Amsterdam et en même temps fournir la force à 36 moteurs pour les manœuvres des écluses.

En France où de nombreux ports tels que Le Havre,

Bordeaux, Calais, La Palice, etc., ont un bel éclairage électrique d'ensemble, la manutention électrique est encore peu développée. Cependant divers engins électriques, grues, cabestans et treuils de port, ont été installés dans le cours des trois dernières années au port du Havre, où les distributions d'énergie de la ville présentent des facilités spéciales. Du reste, dans tous les ports dotés d'une distribution de force pour tramways électriques, l'adoption d'engins électriques ne présente aucune difficulté, les conditions de fonctionnement des moteurs étant tout à fait semblables et les variations de travail des grues acceptables pour la station génératrice. Ces variations constituent le seul obstacle sérieux dans les installations de faible puissance.

Applications dans les mines et carrières. — L'industrie minière a trouvé, elle aussi, dans les distributions électriques, un auxiliaire précieux ; nul autre mode de transmission ne se prête, en effet, aussi bien aux divers travaux qu'exige l'exploitation des mines : abatage du charbon ou du minerai à l'aide d'outils, transport dans les galeries, extraction par les puits, ventilation de la mine et épuisement des eaux. Pour toutes ces opérations, des Compagnies dont c'est la spécialité, telles que la General Electric Co en Amérique, Thomson-Houston en Europe, Goolden en Angleterre, Dulait en Belgique, Siemens et Halske en Allemagne, etc., ont établi des matériels miniers électriques parfaitement étudiés dans leurs moindres détails et qui l'emportent certainement, comme sécurité de fonctionnement et comme facilité d'emploi, sur les anciens appareils actionnés mécaniquement.

On a déjà fait allusion aux deux types de perforatrices électriques, qui permettent d'attaquer les roches les plus dures aussi bien que les matériaux tendres ; il convient d'ajouter à ces outils toute une série de haveuses, trancheuses, etc., qui, perfectionnées surtout en Amérique, permettent d'abattre et de débiter commodément les blocs de houille. Les treuils de mine ne sont, eux aussi, qu'une application, sur une plus grande échelle, des engins de levage électriques déjà mentionnés ; on en construit aujourd'hui de toutes puissances, offrant des garanties absolues de sécurité. La traction dans les galeries se fait par les mêmes procédés que pour les lignes de chemins de fer à la surface du sol ; des types de locomotives spéciaux, très aplatis bien que très puissants, et à certains desquels leur forme a valu le nom de « dos de tortue », permettent aux trains électriques de suivre les galeries les plus basses ; leur vitesse est généralement de 6 à 8 kilomètres à l'heure. La puissance de ces locomotives a été en croissant. Les plus anciennes, installées en 1883 dans les mines allemandes de Zaukerode, Beuthen, Neu Stassfurth, ne développaient que 4 à 5 chevaux sous un poids de 1,5 t. ; les nouveaux types américains employés dans les mines de Lyken, Erie, etc., développent 40 à 60 chevaux sous des poids de 6 à 9 tonnes ; on a même mis en service, plus récemment, une puissante machine de 200 chevaux.

Les appareils électriques présentent dans les mines des avantages précieux ; ils n'échauffent pas l'air, ne le vicient pas, évitent les dangers d'incendie et d'explosion. La manœuvre de tous ces engins est beaucoup plus commode que celle des appareils à vapeur ou à air comprimé ; ils sont, en effet, moins lourds, plus faciles à déplacer et à entretenir, et leur régularisation de vitesse est plus précise et plus simple. La canalisation, formée de conducteurs en cuivre, est plus souple et incomparablement plus facile à poser, à déplacer et à entretenir qu'une canalisation d'air comprimé. La même distribution peut servir à l'éclairage, ce qui est impossible par les procédés mécaniques.

Enfin l'économie d'installation et d'exploitation est plus grande qu'avec aucun autre système, grâce à la possibilité de concentrer toute la production d'énergie pour les travaux de fond et de jour dans une seule usine placée à la surface ; la suppression des fuites et des pertes constantes dans les transmissions contribue à réduire les dépenses annuelles. L'expérience a démontré que, dans les mines, l'air comprimé ne donne qu'un rendement de 20 à 30 0/0, tandis que l'électricité permet d'atteindre aisément sur l'outil 50 à 60 0/0 de la puissance prise sur le moteur de la génératrice, toutes pertes comprises. En Amérique, dans toutes les mines où l'exploitation électrique a été introduite, on a relevé une économie de 50 0/0 environ.

On a trouvé, d'autre part, que la traction minière par locomotive électrique revient dans les mines allemandes à 0 fr. 11 la tonne-kilomètre, au lieu de 0 fr. 16 pour la traction par cheval et 0 fr. 25 pour la traction à bras. Aux mines de Marles en France, l'économie trouvée a été encore plus grande : 0 fr. 08 en moyenne dans le cas de l'électricité, au lieu de 0 fr. 16 dans la traction par chevaux.

A ces avantages il faut joindre la possibilité d'aller chercher au loin une source d'énergie dans le cas où l'on ne peut se procurer de charbon à des prix assez bas, ce qui se présente pour les mines métalliques situées dans les montagnes.

Dans les mines grisouteuses l'emploi des distributions électriques a paru longtemps impossible par suite des dangers d'explosion que peut provoquer la moindre étincelle aux balais des moteurs ou au point de rupture d'un circuit. Mais on construit aujourd'hui pour cet emploi des moteurs complètement enfermés dans une enveloppe étanche ou privés de balais (moteurs à champ tournant), des commutateurs et des fils fusibles placés également sous enveloppe étanche, et enfin des câbles de sûreté qui peuvent se rompre sans étincelle ; la traction peut être faite par des locomotives à accumulateurs. On peut donc considérer la distribution électrique comme possible même dans ces mines défavorables. Un exemple d'installation de ce genre est donné en Angleterre par la mine de lord Durham, où existe une distribution de 140 chevaux pour l'éclairage et la force, faite avec ces dispositifs perfectionnés.

C'est sans doute par suite des hésitations inspirées par cette considération du grisou que la transmission électrique ne s'est pas généralisée encore dans les mines, malgré les avantages évidents qu'elle présente. Mais il existe cependant déjà un grand nombre d'applications partielles qu'il serait trop long de citer et où, tout en conservant les anciennes transmissions, on a adopté l'électricité pour des engins nouveaux, surtout des pompes et des ventilateurs. Quelques mines nouvelles, ou plus audacieuses, sont allées plus loin et ont constitué avec succès des installations purement électriques.

En France, on peut citer déjà plusieurs applications assez importantes. Aux mines de Decize, une distribution exécutée en 1891 par MM. Schneider et Cie comprend 4 moteurs de 30 chevaux pour ventilateurs, 1 de 15 pour treuil de plan incliné et 1 de 12 pour pompe. La distribution est faite par courants diphasés ; les moteurs sont abandonnés à eux-mêmes en pleine forêt. Aux mines de Marles, une station à vapeur de 200 chevaux environ sert à assurer la traction par une douzaine de locomotives électriques. Une grande installation, dans laquelle on utilisera, pour produire la vapeur, les gaz perdus des fours à coke, est en préparation à Carmaux, une autre à Bruay, etc. Tout fait donc prévoir, en France, un rapide essor de l'électricité dans les mines.

En Angleterre, les installations d'ensemble sont plus

nombreuses ; on peut citer en particulier celles des mines de Saint-John, de Margaret, d'Earnock. Dans cette dernière mine on a remplacé, il y a trois ans les machines à vapeur, les chevaux et les plans inclinés automoteurs par des treuils électriques. Les dépenses d'exploitation, pour un débit de 600 tonnes par journée de dix heures, ont été réduites de 103.000 francs à 50.000 francs, ce qui réalise une économie de plus de moitié.

L'expérience déjà acquise depuis deux ans dans cette installation montre que l'emploi des courants alternatifs n'offre pas de danger pratique pour les ouvriers ; il en est de même des courants continus à 500 ou 600 volts. On emploie depuis huit ans une tension de 700 volts dans la mine de Saint-John sans aucun inconvénient.

En Allemagne, en Suède et en Autriche, diverses installations minières emploient l'électricité pour actionner tout leur matériel.

Dans ces installations européennes, les puissances utilisées ne dépassent guère 100 à 200 chevaux et les outils électriques sont encore peu répandus.

Aux États-Unis, le rôle de l'électricité dans les mines est beaucoup plus grand et s'est développé surtout en dehors des charbonnages ; on utilise aujourd'hui des chutes d'eau situées souvent à grande distance. Par exemple, à Constock (Névada), la mine Chokard utilise pour la manœuvre des pilons de la surface une puissance de 800 chevaux, produite par une chute créée dans un puits ; à Pleasant-Valley (Utah) on utilise une puissance de 750 chevaux ; à Big-Bend Tunnel Camp (Californie), on emploie l'énergie prise sur une rivière, à 28 kilomètres de distance, pour actionner 20 moteurs de 5 à 50 chevaux.

L'une des plus grandes installations actuelles, à Aspen (Colorado), utilise une puissance de 1.200 chevaux, produite par 8 roues Pelton, pour éclairer 18 arcs et

2.500 lampes et actionner, à 3 kilomètres de distance, toute une série de ventilateurs, perforatrices, locomotives et treuils.

A Silverton, 640 chevaux sont transmis à 5 kilomètres par courants triphasés à 2.500 volts; à La Régla (Mexique), 5 roues Pelton produisent 2.000 chevaux, transmis à une distance de 36 à 45 kilomètres sous forme de courants triphasés à 10.000 volts, pour l'exploitation des mines de Real del Monte, Pachuca et San-Rafaël.

De semblables exploitations, qui eussent été à peu près impraticables sans le secours de l'électricité, montrent les grands services que peut rendre à l'industrie minière la transmission électrique de l'énergie naturelle en pays de montagne.

Enfin un autre exemple encore plus frappant de ces services est fourni par la récente et admirable installation de Brackpan, au Transwaal (1897). Celle-ci a eu pour objet de remplacer les installations à vapeur d'une partie des mines d'or du Witwatersrand par une distribution d'énergie unique plus économique. Auparavant, ces mines utilisaient, pour l'usage des pompes, perforatrices, broyeurs, etc., un grand nombre de moteurs à vapeur de petite puissance présentant un médiocre rendement; le transport très onéreux du combustible et le prix élevé de la main-d'œuvre augmentaient énormément le prix de revient de la force. Ces inconvénients ont disparu en 1897, lorsque la Compagnie Rand Central Electric Works a mis en service, au milieu du district minier, une grande station centrale de 5.000 chevaux, admirablement située, sur le bord d'un petit lac, à 2,5 km d'une mine de charbon; grâce à ces conditions favorables, à la réduction du personnel et à l'emploi de machines à triple expansion de 1.000 chevaux accouplées de puissants alternateurs triphasés, l'énergie électrique peut être produite à bas prix, et l'énergie distribuée revient moins cher qu'auparavant. Le réseau aérien à 10.000 volts sert à alimenter, tout le long du Rand, sur un parcours de 40 kilomètres, des transformateurs dont les courants secondaires servent pour l'éclairage et l'actionnement des moteurs dans les mines ; la Compagnie éclaire aussi quelques gares et les faubourgs de Johannesburg, et les installations qu'elle dessert sont destinées à s'accroître encore.

Les carrières peuvent trouver autant d'avantages que les mines à la distribution électrique de la force, sans qu'on rencontre les mêmes difficultés d'installation ; en actionnant les trancheuses, treuils, pompes, etc., de cette façon, au lieu de leur appliquer des moteurs séparés, on réalise une plus grande facilité de manœuvre, on réduit le personnel et on fait une sérieuse économie de charbon ; on a constaté, par exemple, aux carrières de Soignies, que la dépense de combustible avait été réduite de 4 à 5 kilogrammes par cheval-heure utile à 1 kilogramme. A Euville, l'économie a été de 28,5 0/0 par rapport à une précédente installation à air comprimé.

Il existe déjà plusieurs grandes carrières exploitées, notamment en France et en Belgique, celle d'Euville (50 chevaux), les carrières du Hainaut (230) et les carrières Vinegy à Soignies (350). Cette dernière installation est à courants alternatifs polyphasés.

Applications aux grands chantiers. — A ces entreprises se rattachent les grands chantiers de travaux publics, dans lesquels on peut actionner électriquement les broyeurs, bétonnières, treuils, grues, sonnettes pour le battage des pieux, etc., en même temps qu'éclairer de nuit les travaux par de puissants fanaux et l'intérieur des caissons par des lampes à incandescence.

On peut citer déjà plusieurs applications de ce genre, parmi lesquelles la plus importante a été réalisée en 1893 dans les travaux du port de Bilbao ; dans cette entreprise, MM. Coiseaux, Couvreux et Hersent ont employé, pour la manutention des blocs, un bardeur et un titan électriques automoteurs, prenant leur courant sur une ligne aérienne alimentée par une dynamo et une machine à vapeur de 60 chevaux ; il est certain que cette entreprise servira d'exemple à beaucoup d'autres et qu'on verra pratiquer en grand, dans les travaux publics, la traction électrique de wagonnets sur voies ou sur câbles porteurs, la manœuvre électrique des excavateurs. Le montage des grands ponts se prête admirablement à l'application de l'électricité, grâce à la facilité que donne celle-ci de réaliser des engins de levage très légers et locomobiles ; divers chantiers de ce genre ont été organisés en Allemagne, notamment pour l'exécution d'un pont sur le canal de la Baltique, où l'électricité a rendu les plus grands services ; en France, on a déjà employé l'électricité pour la rivure des ouvrages métalliques en place.

Dans l'exécution des tunnels, l'électricité constitue aussi aujourd'hui le meilleur moyen d'utiliser la puissance des chutes d'eau voisines, aucune transmission n'étant aussi facile à installer et d'aussi bon rendement. Une belle application de ce genre a été faite sur le chemin de fer transandin, pour le percement du grand tunnel des Andes. Sur les deux versants se trouvent deux stations hydro-électriques de 240 et de 800 chevaux, actionnant à distance, à l'aide des câbles souterrains, des compresseurs d'air situés dans des stations réparties aux deux têtes du tunnel. C'est un des plus curieux exemples de transmission électrique, car les machines ont été amenées à dos de mulet dans un pays inaccessible et à 2.000 mètres d'altitude.

Pour citer un exemple actuel et plus rapproché, les chantiers du tunnel du chemin de fer de la Jungfrau (Suisse) sont aujourd'hui éclairés et alimentés en puissance motrice à l'aide de courants alternatifs triphasés produits par l'usine génératrice de Lauterbrunnen, qui servira plus tard à fournir l'énergie nécessaire pour la propulsion des trains.

Application à l'agriculture. — L'agriculture, qui tend de plus en plus à prendre le caractère et les méthodes de l'industrie, au moins dans les grandes exploitations, a déjà eu recours aux transmissions électriques et peut en retirer de sérieux avantages. Sans vouloir suivre certains esprits ardents, qui voient déjà les fermes transformées en stations centrales, autour desquelles rayonneraient des canalisations électriques allant aux champs à cultiver et aux herbages, pour y alimenter des machines faisant toutes les opérations nécessaires à l'agriculture, on ne peut nier que l'emploi d'une petite machine génératrice, actionnée par une locomobile, et de quelques moteurs judicieusement employés, ne soit de nature à rendre de précieux services dans toutes les exploitations assez importantes pour justifier cette dépense. Le besoin d'un moteur agricole est aujourd'hui reconnu, et les moteurs à vapeur et à pétrole sont déjà très employés ; mais ils s'adaptent difficilement aux différentes machines à actionner et ne se prêtent guère au labourage mécanique. Au contraire, en y joignant une dynamo, on obtient une souplesse de transmission parfaite et la possibilité d'employer des moteurs très légers : charrues, faneuses, batteuses, broyeuses, hache-paille, vannoirs, scies, pompes, peuvent être ainsi actionnés ; la présence d'une chute d'eau ou le voisinage d'une sucrerie ou d'une distillerie agricole, dont les moteurs sont inoccupés pendant les deux tiers de l'année, pourra d'ailleurs réduire, dans certains cas, les dépenses de production de l'énergie.

Le labourage électrique, essayé dès 1879 à Sermaize, par MM. Félix et Chrétien, et à Noisiel par M. H. Menier, puis un peu perdu de vue, est redevenu l'objet de nombreuses tentatives d'application depuis deux ans en France et en Allemagne, où il existe aujourd'hui des maisons de constructions spéciales de charrues électriques. Les résultats les plus favorables ont été obtenus à Halle : une installation de 12 chevaux, coûtant 10.000 francs, permet, dit-on, de labourer par une charrue à deux socs, en une journée de douze heures, 2 hectares de terre avec une profondeur de $0^{m},24$ au prix de 51 fr.30, ce qui ferait 25 fr. 65 par hectare, chiffre inférieur de plus de moitié à celui du même travail fait par les bœufs dans la même exploitation (62 fr. 50). Les résultats analogues, bien que moins économiques, ont été obtenus à Enguibaud et à Bertaucourt.

Parmi les fermes qui emploient actuellement l'électricité d'une manière régulière, on peut citer, en France, la ferme de Noisiel de M. H. Menier, où fonctionne un véritable transport de force utilisé aux divers besoins de la ferme, celles d'Enguibaud, de Bertaucourt, du Bois, de Tart-l'Abbaye ; en Algérie, celles de Ben Sala, d'Abziza ; enfin le syndicat de Montlaur fait un intéressant essai de distribution rurale pour les usages agricoles.

Traction électrique. — L'une des applications des distributions électriques les plus considérables, au point de vue des conséquences sociales et des capitaux engagés, est sans contredit la traction électrique, dont les installations se rapportent, actuellement surtout, à la traction des tramways urbains et suburbains.

Le principe des tramways électriques à distribution directe (*) est le même que celui du transport de la force, mais avec cette différence que les moteurs portés par les voitures se déplacent le long des conducteurs de distri-

(*) On ne parle pas ici des tramways à accumulateurs, surtout utilisés à Paris ; car, ainsi qu'on l'a dit plus haut, ils emploient une forme très imparfaite de transport de l'énergie, au lieu du transport direct, qui fait l'objet principal de cette étude.

bution avec lesquels ils restent en contact par un appareil de prise de courant spécial, frotteur, roulette, archet, etc.

Les premiers essais de traction ont été faits, comme on le sait, en Europe, à la suite des expériences de labourage de Sermaize qu'on vient de citer : la première installation permanente à transmission directe, exécutée par Siemens et Halske à Gross-Lichterfelde, date de 1881, ainsi que la ligne de l'Exposition de Paris. Mais la situation a peu progressé jusqu'en 1894.

Aux *États-Unis* au contraire, bien que datant d'hier à peine, car la première véritable exploitation industrielle, celle des tramways de Richemond, a été inaugurée en 1888, les tramways électriques ont pris, en moins de huit années, un développement inattendu et presque prodigieux. C'est ainsi que l'on a constaté successivement :

					Voitures.
Au 1er janv.	1890,	1.242 kilom.	de voies	électriques avec	1.239
—	1893,	9.556	—	—	13.415
—	1895,	14.494	—	—	22.849
—	1897,	22.949	—	—	39.748
—	1899,	24.500	—	—	45.000

Ce grand succès de la traction électrique a fini par entraîner les pays du vieux monde, encore lentement il est vrai, mais avec promesse d'un développement rapide, surtout en Allemagne et en France ; Marseille (1892), Bordeaux (1893), Lyon, le Havre (1894), puis Dijon, Toulon, Rouen, Angers, Versailles, Fontainebleau, Alger, Grenoble, Roubaix, etc., etc., se sont laissé successivement convaincre de l'utilité du nouveau mode de transport. Au 1er janvier 1897, l'*Europe* comptait en service seulement 150 installations présentant 1.459 kilomètres de lignes, dont 631 pour l'Allemagne et 432 pour la France, et en tout 3.100 voitures automotrices ou locomotives; l'année 1898 verra plus que doubler ces chiffres (*Annexe n°* 7).

Le mode d'exploitation presque exclusivement adopté est celui du fil aérien avec prise de courant par trolley ou par archet, qui peut seul donner l'économie d'établissement suffisante dans l'état actuel de l'industrie ; c'est pour n'avoir pas accepté cette nécessité dont elles se sont peut-être exagéré les inconvénients, que la plupart des villes françaises sont restées si en retard sur les cités américaines ; elles y auront gagné, au moins, d'éviter les écoles nombreuses qu'ont dû faire les premiers initiateurs, et de pouvoir organiser leurs services de transport aujourd'hui à coup sûr. Il existe, du reste, de nombreux systèmes de distribution de courant souterraine et superficielle, mais ils ont peu d'applications jusqu'ici.

Le nouveau mode de transport, qui a pénétré déjà aux antipodes et dans le monde entier, présente des avantages éminents de commodité et d'économie qui en justifient l'adoption ; les vitesses obtenues dans les villes peuvent dépasser beaucoup celles obtenues avec les chevaux : elles atteignent couramment, en Amérique, 16 à 25 kilomètres, et en Europe 12 à 16, par suite des circonstances spéciales aux deux pays. Les moteurs sont très puissants sous un faible poids et peuvent supporter d'énormes surcharges : les rampes que franchissent les voitures électriques atteignent jusqu'à 0,145 à San Francisco, 0,11 au Havre. Au point de vue des prix de revient, les frais d'exploitation par voiture kilométrique s'abaissent à 0 fr. 25 ou 0 fr. 30, et à 0 fr. 40 ou 0 fr. 45 avec amortissement et intérêt, prix inférieurs à ceux de tous les autres modes de traction.

Des tramways urbains la traction électrique s'est étendue aux *lignes suburbaines* et même *interurbaines* et *rurales*, soit sur route, soit sur plate-forme séparée ; il existe déjà de nombreux exemples de lignes secondaires de chemin de fer où l'électricité a remplacé la vapeur : aux États-Unis, les lignes de Nantasket Beach (1895), de Hartford à Berlin, de Burlington à Mont Holly, de Cleveland à Elyria, à Bedfort et Akron, etc. ; en Suisse, celle d'Orbe-Chavornay (1894), Stanstadt-Engelberg, Burgdorf-Thun (1899) ; en France, l'embranchement de la Bérandière à Montmartre (1893), les lignes de Pierrefitte à Cauterets et à Luz, etc. ; en Allemagne, les lignes de Türkheim à Wœrishofen (1895) et de Meckenbeuern à Tettnang (1896), Düsseldorf-Krefeld (1899) ; et l'on projette l'installation de nombreuses lignes, dont une de 40 kilomètres entre Halle et Leipzig, etc. Aux États-Unis, des lignes de près de 200 kilomètres sont projetées entre Détroit et Port-Huron et entre Ogden et Provo (Utah).

Des lignes métropolitaines aériennes ou souterraines ont été installées avec succès à Londres, Liverpool, Chicago, Budapest, etc., et d'autres sont en construction, notamment le Métropolitain et les lignes de l'Ouest à Paris.

Des lignes de touriste à fortes rampes, telles que celles de Florence-Fiesole, du mont Salève, de Gütsch-Müren, de Barmen, du mont Snæfell, du Gornergrat, etc., sont en plein fonctionnement et d'autres sont en voie d'exécution pour la Jungfrau, etc.

Sur les grandes lignes, des essais pour l'emploi de locomotives électriques à transmission directe (*) ont été exécutées aussi de divers côtés, notamment en France, par les Compagnies du Nord et de Paris-Lyon-Méditerranée. Au fur et à mesure de ces essais, la puissance de ces locomotives a constamment augmenté : celles de Londres pesaient 10,5 tonnes ; celles de la Bérandière, 15 tonnes ; celles de l'Intramural, de Chicago, 30 tonnes ; enfin, en 1895, la *General Electric Co* a mis en service une locomotive de 90 tonnes qui remorque les trains de

(*) On ne parle pas ici de la locomotive Heilmann, essayée sur le chemin de fer de l'Ouest, parce qu'elle porte elle-même sa station génératrice et n'emploie pas de transmission à distance.

voyageurs et de marchandises pour la traversée souterraine de la ville de Baltimore. Cette locomotive, qui traîne des trains de 1.700 tonnes sur des rampes de 8 millimètres à la vitesse de 20 kilomètres à l'heure, et des trains de 500 tonnes à la vitesse de 60 kilomètres, offre aujourd'hui la démonstration la plus remarquable de la puissance presque indéfinie de la traction électrique. Aussi la Compagnie d'Orléans a-t-elle adopté ce mode de traction pour tous ses trains sur la ligne souterraine, place Valhubert-quai d'Orsay, à partir de 1900.

L'emploi des courants polyphasés tend à s'introduire dans certains cas, pour la traction : une première installation a été faite dans ce système à Lugano, d'autres au Gornergrat et à Varese ; celles de la Jungfrau, de Engelberg, Burgdorf-Thun, etc., sont analogues.

Considérées comme mode de transmission électrique de l'énergie, les lignes de tramways électriques se trouvent dans des conditions défavorables, du fait de la faible tension de distribution (500 à 600 volts en courant continu), qui rend onéreux les frais d'établissement des lignes, surtout à partir de 10 kilomètres. On a donc dû, pour étendre le rayon d'action des réseaux de traction, recourir à des procédés de distribution indirecte, en transportant le courant à haute tension depuis l'usine jusqu'à divers points du réseau, puis le convertissant en courant à basse tension ; cette méthode peut alors permettre d'emprunter l'énergie à des sources très éloignées et constitue une des applications les plus importantes du transport à grande distance, et en même temps une des plus favorables, à cause du prix élevé auquel on peut faire payer l'énergie aux consommateurs. Elle est appliquée déjà à Lugano, où les courants triphasés sont employés sous même forme après transformation ; à Rome, où le courant alternatif simple, provenant de Tivoli à 25 kilomètres, est converti en continu ; à Dublin et dans de nombreuses installations des États-Unis, Portland, Lowell. Niagara Falls, etc., où l'on convertit des courants triphasés en continus. A Buffalo, comme on le dira plus loin, le courant des tramways est entièrement fourni par l'usine du Niagara, à 35 kilomètres de distance. Une ligne de près de 200 kilomètres de longueur est en projet.

Des esprits impatients annoncent même une prochaine exploitation des grandes lignes par l'électricité : cela serait peu économique dans l'état actuel ; mais on peut espérer voir se développer progressivement l'étendue et l'importance des lignes exploitées. Il en est de même des installations pour le touage ou la propulsion électriques des bateaux sur les canaux par distribution directe, qui a déjà fait en France et en Amérique l'objet d'intéressants essais. Ce touage fonctionne avec succès au souterrain de Pouilly, sur le canal de Bourgogne, où il a été installé en 1894 par M. Galliot. Un halage électrique de 26 kilomètres, d'après un autre système du même ingénieur, vient d'être mis en service entre Aire et Pont-à-Vendin, sur les canaux d'Aire et de la Deule. L'énergie est fournie par deux stations de 200 chevaux chacune, distantes de 13 kilomètres. La Compagnie exploitante remorque gratuitement les péniches vides et demande 1 franc par kilomètre pour des péniches chargées de 290 à 300 tonnes, ce qui fait environ 1/3 de centime par tonne-kilomètre. En présence de la réussite de cette entreprise, cette Compagnie a fait prolonger sa concession jusqu'à l'Escaut sur 84 kilomètres nouveaux, dont 30 sont déjà en voie d'installation. Des applications analogues sont aussi en cours d'essai sur le canal Erie et sur le canal Miami et Ohio, aux États-Unis.

V. — Transmissions électriques d'énergie à grande distance.

Progrès réalisés dans les méthodes de transmission électrique dans le cours des dix dernières années. — Dans la transmission à grande distance, la dépense de la ligne joue un rôle beaucoup plus important que dans les exemples précédents et devient souvent prohibitive. Dans chaque cas, du reste, la perte admissible dans la ligne pour réaliser la plus grande économie finale d'exploitation dépend des circonstances locales. C'est à des considérations purement financières qu'il faut attribuer les progrès assez lents de la transmission à grande distance, dont la possibilité a été démontrée théoriquement depuis longtemps ; mais les progrès continuels qui ont été réalisés depuis dix ans n'en ont pas moins été décisifs au point de vue pratique, en ce qu'ils ont permis d'augmenter peu à peu le rayon d'action réalisable et qu'ils permettent d'entrevoir des extensions plus grandes encore pour un avenir prochain.

On peut diviser les transmissions à grande distance en deux types bien distincts, les transmissions par *courants continus* et celles par *courants alternatifs*. Ces deux types s'étant développés parallèlement et d'une manière indépendante, il convient de les examiner séparément.

1° *Courants continus.* — Après la découverte de la transmission de la force au moyen des dynamos, par M. Fontaine, à l'Exposition de Vienne en 1883, c'est M. Marcel Deprez qui a, le premier, montré la possibilité des transmissions à grande distance. Les quatre essais qu'il exécuta successivement, de 1883 à 1885, à Miesbach, au Bourget, à Vizille et enfin à *Creil*, sur les distances de 57, 17, 14 et 56 kilomètres eurent un plein succès théorique. Les dernières expériences, celles de Creil, faites avec deux dynamos spéciales pesant 70 tonnes, montrèrent la possibilité d'obtenir des tensions de 6.000 volts avec des dynamos à courants continus et de transmettre 50 chevaux à 56 kilomètres avec un rendement de 45 0/0. Aussitôt après, M. Fontaine montra la possibilité d'obtenir le même résultat beaucoup plus simplement, à l'aide de dynamos groupées en série et travaillant chacune à une pression beaucoup plus faible, à la fois moins dangereuse et plus facile à réaliser ; il obtint ainsi, dans les mêmes conditions qu'à Creil, un rendement de 52 0/0 avec 4 machines ne pesant ensemble que 8,5 tonnes.

Ces deux expériences, qui eurent, comme on le sait, un énorme retentissement, montrèrent la possibilité de réaliser des rendements beaucoup plus élevés qu'on ne le supposait, beaucoup d'ingénieurs ayant conçu, avant cette époque, le préjugé que le rendement d'une transmission électrique ne pourrait dépasser 50 0/0. Elles furent le point de départ de nombreuses installations industrielles de transmission à grande distance par courant continu, exécutées toutes d'après les principes ainsi établis et dont les premières furent celles de Bourganeuf, de Domène et de Calais.

Le transport de force dans ces conditions est une application aujourd'hui banale, tant que la distance ne dépasse pas 4 ou 5 kilomètres et qu'il s'agit d'une simple transmission entre deux machines. Pendant longtemps, on a hésité à aller au delà et on a cru impossible de construire des machines de faible puissance, de plus de 1.000 ou 2.000 volts, et de faire de la *distribution* de force par ce procédé. Mais aujourd'hui, grâce aux dispositions très ingénieuses et aux efforts persistants d'un ingénieur suisse, M. Thury, le rayon d'action du courant continu a été fort étendu, et le transport à grande distance, combiné avec une distribution de la force, aussi fractionnée qu'on le désire. Ce résultat a été obtenu par les perfectionnements de la construction des machines, l'emploi des régulateurs automatiques très parfaits, et enfin par une méthode d'isolement des machines qui permet de les toucher sans danger, bien qu'elles soient montées directement sur une ligne à très haut potentiel. Grâce à ces dispositions, une même canalisation va d'un moteur à l'autre, en décrivant la boucle nécessaire ; il n'y a qu'un seul circuit pour une distribution, quelle qu'en soit l'étendue.

Cette méthode a été employée d'abord par l'Italien Preve à *Gênes*, où l'aqueduc Ferrari-Galliera amène l'eau captée dans la montagne, à 30 kilomètres de distance à 550 mètres au-dessus du niveau de la mer. Cette différence de niveau est répartie entre trois chutes de 746, 720 et 760 chevaux, qui alimentent trois stations électriques, portant les noms de Volta, Paccinotti et Galvani. Ces installations, commencées en 1889, sont en complet fonctionnement depuis six ans, avec un plein succès ; elles alimentent aujourd'hui trois réseaux séparés, sur lesquels sont branchés divers moteurs, tous en série ; le développement total des lignes atteint 60 kilomètres, le voltage 5.000 à 6.000 volts ; il sera même porté ultérieurement à 10.000 volts ; le rendement sur l'arbre des réceptrices atteint 72 0/0.

Ces résultats ont été assez satisfaisants pour décider en Suisse les communes de la *Chaux-de-Fonds* et du *Locle*, d'une part, et, de l'autre, les communes du *Val-de-Travers*, à adopter la même solution pour leurs belles distributions d'énergie, construites il y a trois ans. Les potentiels de ces distributions peuvent atteindre sans danger 10.000 et même 14.000 volts. Tous les moteurs un peu puissants sont disposés sur le circuit primaire, qui pénètre ainsi chez certains habitants ; mais les boucles ainsi formées dans les villes ou villages sont en câble soigneusement isolé ; les machines sont placées sur des planchers isolés comme à Gênes ; et, comme ces installations sont peu nombreuses, les dangers sont nuls. Pour l'éclairage des particuliers et pour l'alimentation des petits moteurs, chaque localité possède une station de transformation, où la ension du courant distribué est abaissée à 120 volts, et où l'on dispose, en outre, des batteries d'accumulateurs suffisantes pour régulariser l'éclairage. La simplicité extrême de ces installations et l'emploi de régulateurs automatiques a permis de réduire le personnel dans des proportions extrêmes et de confier la conduite des machines à des paysans sans instruction technique. Une distribution analogue de 1.200 chevaux à 12.000 volts, sur une longueur de 32 kilomètres, a été mise en service, en 1895, à Steinamanger (Hongrie).

2° *Courants alternatifs.* — Pendant les développements assez lents du courant continu, les courants alternatifs, d'abord fort en retard, ont pris, depuis quelques années, un essor inattendu.

C'est à notre compatriote Gaulard qu'appartient sans conteste l'invention capitale de la transmission de l'énergie électrique à distance par les courants alternatifs à haute tension (en 1882). C'est lui qui a imaginé les *transformateurs* de tension et les a fait connaître au Métropolitain de Londres en 1883, à l'Exposition de Turin en 1884 (transmission d'énergie sur 40 kilomètres de distance entre Turin et Lonza), puis à l'usine de Tivoli en 1886. Son idée, reprise par d'autres plus heureux que lui, a conduit par divers perfectionnements à la constitution de la seconde grande méthode de transmission actuellement employée, la transmission par courants alternatifs à potentiel constant, avec abaissement de la tension de distribution par transformateurs fixes.

La possibilité de transmettre le travail mécanique à l'aide de ces courants a été établie seulement en 1883 par MM. Grylls-Adams et Hopkinson ; mais cette découverte fût restée sans application sans l'invention de Gaulard.

Par le fait de sa transformation facile et de la construction plus simple des machines, le courant alternatif a conquis une supériorité certaine sur le courant continu pour toutes les applications où il s'agit surtout de distribuer la lumière à domicile ; mais il restait peu apte à la transmission de la force, à cause d'une propriété défavorable des moteurs alternatifs, comparés aux moteurs à courant continu ; les premiers ne pouvaient pas, comme les seconds, démarrer sous charge, ni même souvent à vide, et il fallait les amener d'abord par une manœuvre compliquée, à la même vitesse de rotation que les génératrices et éviter de les surcharger ; aussi les transports d'énergie par courants alternatifs, si on en excepte quelques transmissions américaines, notamment à *Telluride*, restèrent-ils longtemps limités à l'éclairage. De nombreuses installations de ce genre furent exécutées, à partir de 1886, suivant les méthodes de Gaulard, bientôt imitées et perfectionnées de toutes parts, notamment par Zipernowsky, Déri et Blathy. La première grande installation de transport à distance fut celle de *Tivoli*, citée plus haut, transformée en 1892 par ces trois ingénieurs. L'énergie est empruntée aux célèbres cascatelles ; 9 turbines, d'une puissance totale de 15.000 chevaux, envoient à Rome, par une ligne aérienne de 25 kilomètres, un courant alternatif de 5.000 volts ; cette tension est réduite à 2.000 volts par une première transformation à l'entrée de la ville ; la distribution se fait par des transformateurs spéciaux pour chaque consommateur. Cette installation a toujours fonctionné de la manière la plus satisfante ; elle sert aujourd'hui non seulement à l'éclairage, mais à la distribution de force à quelques moteurs, et aussi à l'alimentation d'un réseau de tramways électriques dans la ville de Rome, après conversion d'une partie du courant en courant continu mieux approprié à cet usage.

Dans une autre installation datant de la même époque, à Intra, 650 chevaux ont été transmis à 7 kilomètres, par un courant de 3.000 volts, pour distribuer l'éclairage et la force à Pallanza et dans les localités environnantes.

L'invention des *courants alternatifs polyphasés*, par Ferraris et Tesla, d'abord sous la forme diphasée, puis par Dolivo-Dobrowolsky, Bradley et Wenström, sous la forme triphasée, a réalisé un énorme progrès au profit du système de transmission à courants alternatifs, en ce qu'elle a permis d'établir des moteurs nouveaux dits « à champ magnétique tournant », démarrant bien d'eux-mêmes, au besoin sous charge, et ayant une stabilité de marche suffisante. Ces moteurs sont, en outre, d'une construction très simple et très robuste, et dépourvus de collecteur, organe le plus délicat des moteurs à courant continu. Il en est de même des machines génératrices qui les alimentent. Ces avantages, combinés avec la facilité de transformation, et l'économie de 1/4 réalisée sur le poids du cuivre de la ligne, comme on le verra ci-dessous, ont inspiré aux ingénieurs une faveur très vive pour les courants polyphasés.

Cette faveur a pris naissance à la suite des résultats surprenants de l'audacieuse expérience de Lauffen-Francfort, entreprise à l'occasion de l'Exposition de Francfort, en 1891, par les Ateliers de Construction d'Oerlikon et la Société générale d'Électricité de Berlin ; cette expérience d'un transport de force à 175 kilomètres de distance, jugée impraticable par beaucoup, était d'ailleurs préparée par une série d'essais très sérieux, exécutés par les mêmes ateliers à l'occasion d'un transport de 600 chevaux, effectué en 1890, avec un matériel analogue, mais à une distance de 25 kilomètres seulement, entre la chute d'eau de Bulach et Oerlikon. On a transmis à Francfort une puissance de 300 chevaux, prise sur une chute du Neckar, à Lauffen. Une génératrice, actionnée par une turbine, transformait cette énergie en trois courants triphasés à basse tension, qu'un transformateur-élévateur, placé au sortir de l'usine et baignant dans une huile isolante, transformait en trois courants de haute tension ; ceux-ci suivaient une ligne aérienne formée de trois fils de cuivre de 4 millimètres de diamètre, reposant sur des isolateurs à huile, fixés à des poteaux. Ces trois petits fils suffisaient à transporter sans perte exagérée cette énergie à Francfort, où elle était transportée par un transformateur réducteur à une basse tension non dangereuse. Au cours des expériences, la tension entre les conducteurs de la ligne primaire varia entre 10 et 20.000 volts ; elle fut même portée, à titre d'essai, jusqu'à 30.000 volts, sans qu'il en résultât de dommage aux appareils. Le rendement atteignit 72 à 75 0/0 entre l'arbre des turbines et des lampes brûlant à Francfort ; ce qui correspond à 60 0/0 sur l'arbre des réceptrices, retransformant cette énergie en travail mécanique.

Cette belle démonstration établit d'une manière irréfutable la possibilité de réaliser industriellement de très hautes tensions avec les courants alternatifs et, par suite, d'atteindre de grandes distances ; cette possibilité résultait en dernière analyse, dans le cas considéré, non pas de l'adoption des courants triphasés, mais bien de l'emploi de bons isolateurs sur la ligne et, surtout, des transformateurs élévateurs et réducteurs. Ceux-ci, étant des organes fixes, sont plus faciles à bien isoler que les machines, surtout lorsqu'on les plonge dans l'huile ou la paraffine ; c'est pourquoi, tandis qu'on ne peut guère dépasser 5.000 volts avec une machine tournante, on peut obtenir des transformateurs résistant à 20.000, 40.000, et même plus exceptionnellement à 100.000 volts.

Ces propriétés sont, en réalité, les mêmes pour tous les systèmes de courants alternatifs. Mais le système alternatif triphasé présente, pour un transport d'énergie, un avantage important qu'il convient de signaler, c'est que les trois courants qui le composent s'annulent réciproquement au bout de la ligne et n'ont pas besoin, par conséquent, d'un fil de retour ; ce fait permet de canaliser les trois courants avec trois fils seulement au lieu de quatre ;

il en résulte une économie du quart du poids du cuivre nécessaire sur la ligne, par rapport à un courant alternatif simple présentant même pression maxima et la même perte de charge (*). Le système triphasé se présente donc, à ce point de vue aussi bien qu'à celui du bon fonctionnement des moteurs, comme le mode d'emploi le plus rationnel des courants alternatifs.

On a éprouvé, au début, quelques difficultés pour équilibrer les courants des trois circuits de la distribution, par suite de leurs réactions mutuelles lorsque les consommations varient, et on a préféré d'abord pour ce motif dans les distributions d'éclairage le système diphasé qui semble présenter plus d'indépendance entre les circuits; on a même imaginé d'autres combinaisons plus compliquées pour faciliter le réglage. Mais aujourd'hui l'expérience a montré que l'équilibrage est suffisamment réalisable de lui-même ou à l'aide de quelques artifices, dont le plus simple est d'employer sur le réseau des transformateurs triphasés dont les trois circuits réagissent l'un sur l'autre.

Exemples d'applications récentes en France et à l'étranger. — Depuis 1892, l'installation de Lauffen sert à éclairer la petite ville d'*Heilbronn* à plus faible distance (11 kilomètres et 5.000 volts), et les transmissions réalisées depuis cette époque en Europe n'ont pas atteint des distances comparables, les résultats financiers du transport de Francfort ayant été, somme toute, fort discutables, car le cheval revenait à 1.500 francs d'installation. En fait, cette expérience a servi surtout à faire connaître es ressources nouvelles de l'électricité et à inspirer confiance aux industriels pour l'établissement de transmissions plus modestes. On a vu celles-ci se multiplier peu à peu,

(*) La démonstration rigoureuse de cette économie est en réalité plus compliquée. Il faut ajouter que l'emploi de trois isolateurs par poteau et le montage de trois fils, au lieu de deux, réduit un peu cette économie.

avec plus de précision dans l'exécution et un succès financier mieux assuré. C'est surtout en Suisse et en Amérique que ces progrès ont été les plus continus. Plusieurs villes industrielles, *Zurich*, *Lucerne*, *Olten*, *Aarau*, des groupements de communes, tels que ceux du lac de Zurich, de la vallée de l'Orbe (Les Clées-Yverdon), ou de la vallée de Saint-Imier (La Goule), de Rheinfelden, etc., ont établi pour l'éclairage et la force des distributions par courants polyphasés, dont les principales figurent dans la table de la page 120. L'une des plus importantes est celle de Chèvres, destinée à la distribution d'électricité à *Genève*, et dont l'énergie a été utilisée dès 1896, pour les services de l'Exposition nationale suisse.

L'une des plus intéressantes installations de ce genre, au point de vue social, est celle de *La Goule*, qui donne un excellent exemple d'une distribution rurale enrichissant toute une population laborieuse et industrielle (*). Les communes desservies dans le Jura bernois et le Jura français sont celles de Noirmont, les Breulaux, Tramlan, Creux-des-Biches, Bois-Français, Les Bois, Villeret, Saint-Imier, Renan, auxquelles doivent être ajoutées prochainement Charmanvillers, Damprichard, Charquemond, Maiche, Trévilliers et Russey. La longueur totale des canalisations aériennes est de 34,1 kilomètres. Dans chacun des lieux habités, une sous-station de transformation, en forme de tourelle fermée, placée à l'entrée du village, alimente à basse tension deux réseaux de distributions secondaires, l'un servant à l'éclairage, et l'autre aux applications mécaniques. Le personnel se réduit à six mécaniciens ou aides, surveillant la station génératrice ;

(*) L'industrie principale desservie par cette distribution et par celles analogues de Olten, Wynau, La Sihl, Les Clées, etc., est l'horlogerie : il en est de même dans les villes du Locle, de la Chaux-de-Fonds, de Neufchâtel, d'Yverdon, de Genève, etc. On ne cite ici La Goule qu'à titre d'exemple parmi beaucoup d'autres installations analogues.

dans chaque village un agent est chargé de la vente des lampes et de la surveillance de la tourelle de transformation dont il a la clef. A Saint-Imier, où la consommation est plus importante, on convertit le courant alternatif en courant continu, plus facile à employer et qui permet, en outre, l'emploi d'une batterie d'accumulateurs comme réserve.

A Rheinfelden, près de Bâle, on vient de terminer une usine hydraulique de 15.000 chevaux comprenant 20 unités hydro-électriques à courants triphasés, pour la distribution de l'éclairage et de la puissance mécanique aux localités environnantes comprises dans un rayon de 20 kilomètres. La tension est de 6.500 volts et sera ultérieurement doublée, s'il y a lieu.

Aux *États-Unis*, où l'on dispose d'énormes chutes d'eau et où, dans les régions des montagnes Rocheuses et de la Californie, le charbon est cher, il était naturel que les mêmes procédés fussent également appliqués. Le tableau de la page 124, qui résume les principales transmissions exécutées dans le cours des dernières années, donne une idée de leur développement progressif.

Les plus longues transmissions à signaler dans ce pays sont celle de 3.000 chevaux entre Ogden et Salt-lake-City (Utah), qui a été d'abord de 58 kilomètres, à la tension de 15.000 volts, et ultérieurement de 110 kilomètres, à la tension de 25.000 volts, et celle de Blue Lake à Stockton (63 kilomètres), Sacramento (79), Oakland (156), qui sera bientôt prolongée jusqu'à San-Francisco (177 kilomètres). La plus haute tension est réalisée sur la transmission de Provo à Mercure (Utah), qui est faite par des courants triphasés à 40.000 volts jusqu'à une distance de 78 kilomètres. Une autre transmission à 33.000 volts va être bientôt en fonctionnement entre l'usine de Redlands et la ville de Los Angeles (Californie) ; la distance est de 145 kilomètres. De nouveaux types d'isolateurs rendent ces tensions très élevées aujourd'hui tout à fait industrielles, et une ligne d'essai à 100.000 volts est même en construction, mais les expériences de Telluride, dont on parlera plus loin, permettent de craindre qu'il ne soit pas possible de l'exploiter industriellement.

L'exemple le plus grandiose qui existe au monde des applications de l'électricité pour tous les usages, à petite et à grande distance, est fourni par les installations du *Niagara*. On sait que la Niagara Falls Power Co a obtenu, en 1886, l'autorisation de faire pour les usages industriels, sur les 7 millions de chevaux de la grande chute américaine, une saignée de 450.000 mètres cubes, au moyen de deux dérivations, l'une sur la rive des États-Unis, l'autre sur la rive canadienne. C'est la première qu'elle utilise en ce moment pour la production de l'énergie électrique dans une grande usine qui lui appartient. L'eau captée est amenée par un bief, situé à 2 kilomètres en amont, à des turbines dont la décharge se fait par un tunnel en pente aboutissant à l'aval de la chute. Le canal et le tunnel ont reçu des dimensions suffisantes pour la production de 100.000 chevaux. Le tunnel a 2 kilomètres de long ; il a donné lieu à 30 millions de tonnes de déblais. Chacune des turbines, installées au nombre de 12, a une puissance de 5.000 chevaux à 250 tours par minute et 75 0/0 de rendement. Elles sont placées au fond d'un puits de 50 mètres, communiquant à la partie supérieure avec le bief par des tubes en tôle verticaux, à la partie inférieure avec le canal de fuite ; la chute utile est de 44^{m},45 et le débit de 12.176 mètres cubes par seconde. Les arbres verticaux des turbines portent à leur partie supérieure les inducteurs des machines génératrices disposées à l'étage supérieur de l'usine ; celles-ci produisent des courants alternatifs diphasés à la tension de 2.250 volts et à la fréquence de 25 périodes ; cette faible fréquence est justifiée par les conditions d'utilisation prévues.

La tension ainsi produite suffit pour la distribution à faible distance dans le périmètre de la ville de Niagara-Falls et dans les environs immédiats ; pour les transports à grande distance, on fait passer le courant dans des transformateurs-élévateurs qui portent la tension à 10.000 ou 20.000 volts.

La Compagnie vend l'énergie sous forme d'eau, de travail mécanique ou de courant. La distribution commerciale du courant électrique a commencé le 26 août 1895 ; aussitôt l'usine a trouvé de nombreux abonnés pour la vente du courant, et plusieurs grandes industries, attirées par le bas prix de la force motrice, sont venues se grouper autour d'elle, notamment la Pittsburgh Reduction Co (4.000 chevaux), la Carborundum Co (2.250 chevaux), la Carbide of Calcium Co (5.000 chevaux), ainsi que différentes Compagnies de tramways et d'éclairage du voisinage ; pour faciliter la distribution du courant, la Compagnie du Niagara a établi un tunnel de 750 mètres contenant les conducteurs à haute tension.

Enfin, à partir de la fin de 1896, fonctionna un transport de force de 1.000 chevaux de l'usine de Niagara à la ville de Buffalo, située à 35 kilomètres pour l'alimentation du réseau de tramways de cette ville, en attendant que tout le courant soit fourni par le Niagara. Les prévisions annonçaient pour la fin de 1897 une consommation totale de 10.000 chevaux dans cette ville. Les poteaux de la ligne aérienne à trois fils sont installés en vue d'un transport de 40.000 chevaux ; les transformateurs-élévateurs au départ peuvent donner à volonté 10.000 ou 20.000 volts ; ceux d'arrivée réduisent à 4.000 volts la tension des courants polyphasés, que des convertisseurs tournants de 500 chevaux convertissent en courant continu à 550 volts ; ces appareils alimentent le réseau en parallèle avec les génératrices anciennes, qui seront prochainement supprimées. Le prix de vente de l'énergie aux tramways est fixé à 180 francs le cheval-an au-delà de 1.000 chevaux.

Cette entreprise était d'autant plus audacieuse que Buffalo est une des villes du monde où le cheval-vapeur est produit au plus bas prix. On verra plus loin dans quelles conditions économiques l'énergie est obtenue.

En *France*, bien que les transports à grande distance ne soient pas encore très nombreux, il en existe déjà qui méritent la peine d'être signalés et qui sont résumés dans l'annexe n° 3 (p. 146). Parmi ceux-ci, il en est deux ou trois qui ne le cèdent en rien aux plus beaux exemples de l'Étranger. En particulier à Bellegarde (Ain), la Compagnie des Établissements hydrauliques de Bellegarde a établi, à l'aide d'un tunnel de 550 mètres, une chute de plusieurs milliers de chevaux, dont 2.650 sont utilisés pour la production de courants alternatifs triphasés, distribués à 1.000 volts à plusieurs usines voisines : Société des Phosphates, scierie, filatures de ramie et de coton et Société La Carbite. Sur cette puissance totale, 500 chevaux environ sont utilisés pour la force motrice, qui est livrée en moyenne au prix de 100 francs par cheval-an, et 2.000 doivent être consommés directement dans les fours électriques de la Société La Carbite.

Dans le département de la Loire, *la Compagnie électrique* de la Loire a installé une importante distribution qui dessert les villages des environs de Saint-Étienne et de la Loire. La puissance distribuée, principalement aux métiers à tisser le ruban, est actuellement de 900 chevaux et sera portée prochainement à 5.000 chevaux. La distance maxima de transmission est de 40 kilomètres et la longueur totale des lignes dépasse 100 kilomètres.

Ce réseau fournit l'éclairage au prix de 18 à 36 francs la lampe-année de 10 bougies et la force motrice aux prix de 600 francs (pour 1/2 cheval) à 360 francs (pour 20 chevaux); le moteur le plus employé par les ouvriers passementiers est celui de 3/4 de cheval. La Compagnie loue les moteurs à ceux qui ne peuvent en faire l'acquisition, au taux de 1 franc par métier actionné et par mois ; chaque ouvrier possède en général plusieurs métiers, que l'emploi de l'électricité lui permet de faire diriger par sa femme et ses enfants, tandis qu'avec la marche à la main les hommes seuls à partir de vingt ans pouvaient actionner un métier.

A Lyon, la *Société des forces motrices du Rhône* a été autorisée, par une loi du 4 juillet 1892, à établir une dérivation du Rhône à Jonage et à établir dans la ville de Lyon et les communes environnantes une distribution d'énergie ; après achèvement complet, 16 turbines-dynamos de 1.250 chevaux utiliseront une puissance totale de 20.000 chevaux ; l'énergie sera distribuée sous forme de courants alternatifs triphasés de 50 périodes par seconde (périodicité plus pratique que celle du Niagara), et à la tension de 3.500 volts seulement par canalisation souterraine.

L'installation actuelle ne comporte encore qu'une puissance de 12.000 chevaux. En attendant la mise en marche imminente de l'usine hydraulique, une usine à vapeur provisoire d'une puissance totale de 900 chevaux alimente déjà un réseau à haute tension de 90 kilomètres de développement, sur lequel sont branchés des moteurs d'une puissance totale de 600 chevaux et 6.500 lampes de 16 bougies.

Aux portes de Grenoble, l'usine de Lancey, déjà signalée (Société des forces motrices du Grésivaudan), distribue dans une douzaine de communes de la riche vallée du Grésivaudan par des lignes dont le développement est déjà de 40 kilomètres, une puissance qui atteindra bientôt 750 chevaux. 4.000 lampes sont éclairées à des prix variant de 5 à 25 francs par lampe-année, et on prévoit la possibilité de distribuer ultérieurement jusqu'à 10.000 chevaux dans Grenoble, tandis que la Société des forces motrices de Grenoble va distribuer 500 chevaux dans le district compris entre cette ville et Voiron.

Enfin la plus longue transmission en France sera bientôt celle des forces motrices de la Vézère, qui doit distribuer 2 à 3.000 chevaux à Brives, Tulle, Saint-Yrieix et Limoges (cette dernière ville à 75 kilomètres), pour une tension de 20.000 volts en courants triphasés. Grâce à la hauteur (43 mètres) et à la facilité d'aménagement de la chute, la Compagnie espère pouvoir vendre l'énergie à l'usine d'éclairage électrique de Limoges à un prix (0 fr. 20 le kilowatt-heure) inférieur au prix de revient de l'énergie produite sur place par machines à vapeur.

Résultats acquis. — Il résulte de ces données d'expérience qu'on peut considérer aujourd'hui comme *entrés dans la pratique* les transports effectués dans un rayon de 50 kilomètres et qu'on dispose, pour les effectuer, de deux bonnes méthodes, l'une par courant continu, et l'autre par courants alternatifs polyphasés. Ces deux méthodes ont des partisans peut-être trop exclusifs ; en réalité, loin de s'exclure mutuellement, elles présentent chacune de sérieux avantages, qui peuvent justifier l'emploi de l'une ou de l'autre suivant les circonstances et les desiderata. Les tableaux et les statistiques donnés plus bas montrent la proportion des différents systèmes de transport employés en divers pays.

Les tensions ne dépassent pas encore couramment en Europe 10 à 20.000 volts pour les deux systèmes ; mais il est établi qu'avec les courants triphasés on peut atteindre aujourd'hui 40 à 50.000 volts. Une installation à 40.000 volts est même en fonctionnement aux États-Unis, à Provo, comme on l'a dit plus haut.

Cette dernière installation est le résultat d'essais très complets et très intéressants exécutés en 1896 à Telluride (Colorado) sur une autre transmission à plus petite distance, appartenant à la même Compagnie : le voltage prévu à 25.000 volts avait été élevé successivement à 40.000, 50.000, 60.000 volts. Ces essais ont fait ressortir la possibilité de réaliser ces tensions élevées sans rupture des isolateurs ni détérioration des transformateurs, mais on a constaté qu'à partir de 40.000 volts des fuites très sensibles se produisent entre les fils nus à travers l'air qui les sépare ; elles deviennent si intenses au-delà de 50.000 volts qu'il ne paraît pas possible de dépasser industriellement ce voltage. D'ailleurs, au-delà de celui-ci, les transformateurs ne peuvent plus être établis avec un bon rendement ; les fils de ligne deviennent si petits et, par suite, si fragiles pour des puissances inférieures à 1.000 kilowatts qu'il n'y aurait pas d'intérêt économique sérieux à dépasser cette tension.

Ces chiffres s'appliquent seulement aux lignes *aériennes*; les lignes souterraines ne peuvent encore supporter sûrement des tensions aussi élevées ; actuellement les tensions *maxima* réalisées dans des canalisations *souterraines* sont de 10.000 à 12.000 volts, et l'on pourra atteindre 20.000 volts avec de bons câbles isolés sous caoutchouc pur, mais les prix sont extrêmement élevés.

Le rendement du transport dépend des rendements des génératrices des transformateurs, des réceptrices, de la perte en ligne et du mode d'emploi de l'énergie. Pour les grosses machines, le rendement pratique dans un service où l'on s'écarte peu de la pleine charge peut être estimé à 0,92 à pleine charge ; pour les petits moteurs de 1 à 5 chevaux, il descend à 0,70 ou 0,75 ; pour les transformateurs, il est de 0,95 à 0,96(*). Dans ces conditions, en admettant une perte en ligne ordinaire de 10 0/0, on obtient les rendements maxima suivants :

(*) Pour que nos conclusions aient plus de poids, nous prenons ici volontairement des chiffres plus faibles que ceux des meilleurs constructeurs.

On peut, en effet, atteindre aujourd'hui des valeurs plus élevées,

A. — *Transport d'énergie avec utilisation immédiate à l'arrivée.*

Courants continus..................................	0,83
Courants alternatifs avec simple transformation....	0,78
Courants alternatifs avec double transformation....	0,74

comme il résulte des chiffres suivants relevés sur des machines exécutées par les grandes Sociétés américaines.

1° Pour des génératrices à courant continu à 225, 250 ou 500 volts :

	kilowatts.		
Puissance :	100.	Rendement maximum à pleine charge :	91,5 à 93 0/0.
»	700	» » »	94 à 95
»	1.500	» » »	94,5 à 95,5
»	2.500	» » »	95 à 96

Ces rendements sont un peu réduits à faible charge, mais moins qu'on ne pourrait croire. Par exemple, pour la machine de 700 kilowatts, on trouve :

à pleine charge........	94,9 0/0	à 1/2 charge..........	93,7 0/0
à 3/4 de charge........	94,6	à 1/4 de charge........	90,1

2° Pour les transformateurs de $\frac{10.000}{100}$ volts à 25 ou 60 périodes :

Puissance :	50 kilowatts.	Rendement maximum : 96,7 0/0
»	100 »	» » 97,2
»	300 »	» » 97,9
»	500 »	» » 98,1
»	1.000 »	» » 98,3

Ces rendements sont très peu réduits aux faibles charges. Par exemple, pour les gros transformateurs de 935 kilowatts de l'usine du Niagara, on a trouvé :

à pleine charge.......	98,44 0/0	à 1/2 charge.........	98,01 0/0
à 3/4 de charge.......	98,36	à 1/4 de charge.......	96,64

3° Pour des moteurs à courant continu :

Puissance : 3/4 à 1 cheval......	75	à 81 0/0
5 chevaux....	85	à 88
8 »	89	à 89,5
25 »	89,5 à 90	
95 »	92 et au dessus.	

La perte de rendement aux faibles charges atteint les chiffres suivants :

	Pour 1 à 5 chevaux	5 à 25 chevaux	25 à 100 chevaux
à 3/4 de charge.	3 à 4 0/0	2 à 2,5 0/0	1,2 à 1,8 0/0
1/2 charge....	10	5 à 6	4 à 5
1/4 de charge.	25 à 30	10 à 15	8 à 10

B. — *Transport d'énergie pour force motrice.*

	RENDEMENT SUR L'ARBRE	
	Petits moteurs	Grands moteurs
Courants continus	0,60	0,76
Courants alternatifs avec simple transformation	0,57	0,72
Courants alternatifs avec double transformation	0,54	0,68

Ces chiffres sont confirmés par des expériences nombreuses, et ne sont que rarement dépassés, bien qu'on en annonce souvent de plus élevés, dont, suivant la méthode suivie constamment dans cette note, on ne tiendra pas compte, de peur de forcer les conclusions.

Lorsque les appareils ne fonctionnent pas à pleine charge, le rendement *moyen* se trouve fortement réduit et ne dépasse guère 0,50 à 0,60 dans le transport d'énergie pour utilisation directe, et 0,40 (très petit moteur) à 0,50 (gros moteur) dans le transport de force. Ces derniers chiffres s'appliquent aussi à la traction électrique.

Valeur commerciale des transmissions électriques à grande distance. — L'économie d'une distribution d'énergie par l'électricité est forcément d'autant moindre que cette énergie est transmise à plus grande distance de son point de production. C'est donc en général dans un périmètre restreint, tel que celui d'une ville, qu'on installe les réseaux de distribution électrique. On a vu plus haut les résultats qu'ils donnent au point de vue de l'éclairage; on reviendra ci-dessous sur leur utilisation au point de vue de la force motrice. Quant aux transmissions à grande distance, elles paraissent *a priori* moins avantageuses pour le propriétaire d'une force naturelle que l'emploi immédiat de l'énergie dans l'usine même ou à proximité de celle-ci. Mais les applications métallurgiques et chimiques de l'électricité et les industries mécaniques locales ne suffisent pas à utiliser toute l'énergie disponible dans les chutes d'eau ; il faut bien chercher, à plus grande distance, des marchés où l'on puisse la vendre à meilleur compte.

Les grandes villes, en particulier, constituent aujourd'hui de plus en plus des centres importants de consommation d'énergie, et, de même qu'on leur amène l'eau de sources captées à grande distance, on peut souhaiter les alimenter en courant électrique à l'aide de puissantes sources d'énergie naturelles (eau ou charbon), lorsqu'il s'en trouve dans la même région, ou, à leur défaut, à l'aide de puissantes usines à vapeur situées en dehors du périmètre urbain, à proximité des voies de transport et de l'eau nécessaire. Cette combinaison, dont il existe déjà de nombreux exemples, présenterait de très grands avantages : en centralisant la distribution de l'énergie, elle permettrait d'en faire un service très bien organisé, de produire le travail mécanique a bon marché et de le mettre ainsi à la portée du pauvre aussi bien que du riche. Au point de vue hygiénique, elle permettrait en même temps de supprimer le dégagement abondant de fumée qui obscurcit l'atmosphère et contamine l'air des grandes villes.

Pour qu'elle soit autre chose qu'une utopie, il faut seulement que le prix de revient du travail transporté, y compris l'amortissement des installations, ne dépasse pas sensiblement celui du travail produit sur place à l'aide de machines à vapeur et du charbon amené des centres houillers. On verra dans ce qui suit qu'il peut en être ainsi dans des cas assez nombreux.

Facteurs qui déterminent le prix de revient de l'énergie. — Le prix de revient de l'énergie est directement fonction du prix d'établissement des lignes, des appareils électriques et de la puissance motrice qui les alimente. On va examiner successivement ces trois parties :

1° *Prix des lignes de transport.* — Comme on l'a dit, le prix de revient des *lignes* n'entre que pour une faible fraction dans le prix de revient *total* d'un transport de force à petite distance, lorsqu'on peut employer les fils aériens, à condition qu'on élève la tension suffisamment. Mais il devient rapidement élevé lorsque la distance croît et que la puissance est faible. Pour les grandes puissances, le prix des lignes aériennes est sensiblement proportionnel au carré de la distance et inversement proportionnel au carré de la tension ; quant aux câbles souterrains, leur prix devient rapidement considérable, et cela d'autant plus qu'on ne peut réaliser avec eux des tensions aussi élevées qu'avec les fils aériens.

Les tableaux suivants donnent une idée approximative de cette variation des prix de revient par cheval des lignes à haute tension, de préférence à fil aérien (*). Ces chiffres n'indiquent d'ailleurs que l'ordre de grandeur, et les prix effectifs s'en écartent plus ou moins, suivant les circonstances, car le transport et le montage y jouent un rôle

(*) Ces prix ont été calculés à l'aide de la formule suivante pour courants simples, continus ou alternatifs :

$$p = \frac{naL}{P} + 48b\frac{1-\varepsilon}{\varepsilon}, \frac{L^2}{U^2} \times 10^4,$$

en appelant :

p, le prix par kilomètre ;
P, la puissance reçue en chevaux ;
n, le nombre de supports par kilomètre ;
a, le prix de chacun d'eux ;
L, la longueur en kilomètres ;
b, le prix du cuivre au kilogramme ;
U, la tension initiale en volts ;
ε, la perte consentie dans la ligne en pour cent.

Pour les lignes simples on a admis : na = 600 francs par kilomètre, b = 2 fr. 50, pose comprise.

Pour les lignes triphasées on a pris : na = 700 francs, et on a réduit du 1/4 le second terme pour tenir compte de ce que ce mode de distribution permet une réduction de 1/4 sur le poids du cuivre à tension égale U.

Les prix des lignes souterraines ont été calculés d'après des catalogues de constructeurs de câbles.

prépondérant. En outre, le long des voies publiques, le prix de chaque support peut être à peu près doublé par les dispositifs de sécurité exigés par les règlements.

PRIX D'ÉTABLISSEMENT PAR CHEVAL (sans accessoires).

COURANTS ALTERNATIFS SIMPLES A 4.000 VOLTS.

(*Canalisation souterraine. — Câbles concentriques.*)

DISTANCE	PERTE CONSENTIE, 10 0/0				
	10 chevaux	50 chevaux	100 chevaux	500 chevaux	1.000 chevaux
	francs	francs	francs	francs	francs
5 kilomètres..........	6.000	1.250	645	167	109
10 —	12.100	2.580	1.410	438	300
25 —	31.250	7.300	4.175	»	»
50 —	64.500	16.700	10.950	»	»
	PERTE CONSENTIE, 15 0/0				
5 kilomètres..........	6.000	1.220	635	153	95
10 —	12.000	2.540	1.350	380	250
25 —	30.500	7.000	3.824	1.375	»
50 —	63.500	15.500	9.500	»	»

COURANTS TRIPHASÉS A 5.000 VOLTS (*canalisation aérienne*).

DISTANCE	PERTE CONSENTIE, 10 0/0				
	10 chevaux	50 chevaux	100 chevaux	500 chevaux	1.000 chevaux
	fr. c.	fr. c.	fr. c.	fr. c.	fr. c.
5 kilomètres..........	360 »	80 »	45 »	17,50	13,50
10 —	740 »	180 »	110 »	54 »	47 »
25 —	2.000 »	600 »	425 »	285 »	267 »
50 —	4.500 »	1.700 »	1.350 »	1.070 »	1.035 »
100 —	11.000 »	5.400 »	4.700 »	4.140 »	4.070 »
150 —	19.500 »	11.000 »	10.050 »	9.210 »	9.105 »
	PERTE CONSENTIE, 15 0/0				
5 kilomètres..........	357 »	76,80	41,90	13,90	10,40
10 —	727,60	167,60	97,60	41,60	34,60
25 —	1.922 »	522 »	347 »	207 »	189 »
50 —	4.190 »	1.390 »	1.040 »	760 »	725 »
100 —	9.760 »	4.160 »	3.460 »	2.900 »	2.830 »
150 —	16.710 »	8.310 »	7.260 »	6.420 »	6 315 »

COURANTS TRIPHASÉS A 10.000 VOLTS (*canalisation aérienne*).

DISTANCE	PERTE CONSENTIE, 10 0/0				
	10 chevaux	50 chevaux	100 chevaux	500 chevaux	1.000 chevaux
	fr. c.	fr. c.	fr. c.	fr. c.	fr. c.
5 kilomètres..........	352,50	72 »	37,50	9,40	6 »
10 —	710 »	150 »	80 »	24 »	17 »
25 —	1.812 »	412 »	237 »	97 »	80 »
50 —	3.750 »	950 »	600 »	320 »	285 »
100 —	8.000 »	2.400 »	1.700 »	1.140 »	1.070 »
150 —	12.750 »	4.350 »	3.300 »	2.460 »	2.355 »
	PERTE CONSENTIE, 15 0/0				
5 kilomètres..........	351,70	71,60	36,70	8,70	5,20
10 —	706,90	146,90	76,90	20,90	13,90
25 —	1.793 »	393 »	218 »	78 »	60,60
50 —	3.672 »	872 »	522,50	242 »	207,50
100 —	7.690 »	2.090 »	1.390 »	830 »	760 »
150 —	12.052 »	3.652 »	2.602 »	1.762 »	1.657 »

COURANTS TRIPHASÉS A 20.000 VOLTS (*canalisation aérienne*).

DISTANCE	PERTE CONSENTIE, 10 0/0				
	10 chevaux	50 chevaux	100 chevaux	500 chevaux	1.000 chevaux
	fr. c.	fr. c.	fr. c.	fr. c.	fr. c.
5 kilomètres..........	350 »	70,60	35,60	7,60	4,10
10 —	702 »	142 »	72,50	16,50	9,59
25 —	1.765 »	365,60	190,60	50,60	33,10
50 —	3.562 »	762,40	412 »	132,50	97,50
100 —	7 250 »	1.650 »	950 »	390 »	320 »
150 —	11.062 »	2.662 »	1.612 »	772 »	667 »
	PERTE CONSENTIE, 15 0/0				
5 kilomètres..........	350 »	70,40	35,40	7,40	2,90
10 —	701,70	141,70	71,70	15,70	8,73
25 —	1.760 »	360 »	185,80	45,80	28,30
50 —	3.543 »	743 »	393 »	113,20	78,25
100 —	7.173 »	1.573 »	873 »	313 »	243 »
150 —	10.889 »	2.489 »	1.439 »	599 »	494 »

2° *Prix des appareils électriques.* — Pour apprécier le rôle relatif des lignes proprement dites dans la transmission, il suffit de comparer ces chiffres aux *prix approchés des appareils électriques*, qu'on peut évaluer comme il suit (plutôt par excès) lorsqu'il s'agit de grandes puissances :

100 francs par cheval pour les dynamos et les accessoires pour les moyennes puissances, 35 francs pour les très grandes ;

50 francs par cheval pour les transformateurs (à chaque transformation) pour les moyennes puissances, 35 francs pour les très grandes.

Ce qui donne pour le prix total des appareils de transmission, en tenant compte des suppléments de puissance nécessaire pour compenser les pertes de rendement de la ligne et des appareils dans les conditions ordinaires, sans distribution :

250 à 300 francs par cheval pour une transmission de grande puissance à courants continus avec utilisation immédiate de l'énergie à l'arrivée ;

300 à 350 francs par cheval pour une transmission à courants alternatifs ou à courants continus avec transformation complète en travail à l'arrivée dans de gros moteurs.

Il faut y ajouter 100 à 200 francs pour les accessoires et les lignes secondaires de distribution, lorsqu'on distribue l'énergie par un réseau(*), ce qui élève en même temps le prix des réceptrices à 200 ou 300 francs par cheval en moyenne et diminue leur rendement. Le prix total *minimum* de la partie électrique d'un transport *avec distribution* se trouve ainsi porté aux valeurs suivantes :

450 à 500 francs par cheval pour une grande installation à courant continu sans transformation ;

500 à 700 francs pour une grande distribution avec transformation complète en travail.

3° *Prix des machines motrices et usines hydrauliques et à vapeur.* — Le prix des *machines motrices*, bâ-

(*) La dépense des lignes secondaires dépend essentiellement des circonstances locales et peut atteindre des chiffres bien plus élevés lorsque les lignes sont souterraines. Nous nous plaçons ici dans les conditions des installations dont les prix d'installation sont indiqués ci-dessous.

timents et de leurs accessoires ne descend pas facilement au-dessous de 250 à 200 francs par cheval pour les grandes machines à vapeur ni pour les usines hydrauliques, et il faut le porter à 300 ou 350 francs pour tenir compte des réserves nécessaires (*). En France, on peut estimer comme suit les prix d'établissement d'une machine à vapeur ou à gaz pauvre (les prix sont voisins), avec bâtiments et accessoires(**), et les prix de revient du cheval-an.

PUISSANCE	PRIX d'établissement par cheval	PRIX DE REVIENT DU CHEVAL-AN		
		Pour 1.000 heures de marche	Pour 3.000 heures de marche	Pour 6.000 heures de marche
	francs	francs	francs	francs
1	2.000	500	900	1.620
5	1.500	280	585	1.320
10	1.000	210	480	900
50	800	145	270	420
100	600	110	210	360
500	400	80	150	270
1.000	300	70	140	250
10.000	250	50	136	240

Ce tableau comprend les prix de revient du cheval-an pour diverses durées de fonctionnement, 1.000, 3.000 et 6.000 heures, c'est-à-dire en moyenne 3, 10 et 20 heures par jour pendant 300 jours par an. Ces chiffres ont été obtenus en se plaçant dans des conditions ordinaires, en comptant l'amortissement et l'intérêt des capitaux à 8 0/0 aussi bien que pour une usine hydro-électrique, et le charbon à 20 francs la tonne, en tenant compte du rendement médiocre des petits moteurs (consommant 2, 3, 4 kilogrammes

(*) Sans compter les machines à vapeur de réserve nécessaires, quand le débit de chute utilisée est trop variable.

(**) On a par exemple les chiffres suivants :

Puissance.	Chaudières.	Machines.	Bâtiments.	Total.
100 fr.	20.000 fr.	20.000 fr.	10.000 fr.	50.000 fr.
300	50.000	50.000	20.000	120.000
1.000	150.000	100.000	50.000	300.000

de houille par cheval, au lieu de 0,8 pour les gros) ; ils sont suffisamment d'accord avec la pratique courante et en particulier avec les chiffres suivants admis par les grands industriels westphaliens (d'après un prix de combustible de 18 francs la tonne).

Prix de revient du cheval-heure en francs.

PUISSANCE de l'installation en chevaux	PETITES USINES					GRANDES USINES				
	2,5	5	10	50	100	500	1.000	2.000	5.000	10.000
Durée annuelle de marche :										
1.000 heures	0,41	0,33	0,26	0,125	0,105	0,085	0,07	0,065	0,06	0,05
3.000 heures	0,25	0,20	0,16	0,08	0,07	0,0525	0,025	0,045	0,04	0,035

Pour les machines à gaz pauvre, les frais de combustible sont moindres, puisqu'on peut arriver à ne brûler que 6 à 700 grammes par cheval-heure (consommation des tramways de Lausanne) au lieu de 900 à 1.000 dans une bonne machine à vapeur de grande puissance, et il suffit d'un charbon maigre ; mais, la consommation croissant beaucoup plus vite aux faibles charges et une batterie d'accumulateurs étant presque nécessaire, on est en droit de considérer les deux types de machineries comme à peu près équivalents comme dépense lorsqu'elles fonctionnent sous des charges variables. Cependant le gaz pauvre peut être plus économique (*).

Pour les usines hydrauliques, lorsqu'il ne s'agit pas de

(*) A Lausanne, une usine de 450 chevaux a coûté 975 francs par cheval, dont 325 pour les moteurs, 220 pour les dynamos et 430 pour les accumulateurs ; si on l'agrandit jusqu'à 750 chevaux, ce prix s'abaissera à 750 francs par cheval. Le terrain et les bâtiments figurent dans le total pour 237.000 francs.

Avec du charbon anthraciteux, qui revient à 35 francs la tonne, le prix de revient du cheval-an est de 180 francs, et le cheval-heure électrique produit ne coûte que 3,3 centimes pour 6.200 heures de marche, ou 5,6 centimes en comptant un intérêt et amortissement de 10 0/0.

très hautes chutes facilement captées, il est ordinairement compris entre 500 et 1.000 francs avec le canal d'amenée. Il atteint facilement 1.000 à 1.500 francs, en dehors des pays de montagnes, lorsqu'on ne trouve pas déjà la chute en partie aménagée. En Suisse, un ingénieur hydraulicien distingué (*) a évalué les prix de revient moyens de la puissance hydraulique dans le pays de la manière suivante :

PRIX DE REVIENT DE L'INSTALLATION HYDRAULIQUE SEULE.

DÉTAIL DES DÉPENSES	PUISSANCE de 50 chevaux		PUISSANCE de 300 chevaux		PUISSANCE de 600 chevaux	
	Pour 50 chevaux	Par cheval-an	Pour 300 chevaux	Par cheval-an	Pour 500 chevaux	Par cheval-an
	fr.	fr.	fr.	fr.	fr.	fr.
Premier établissement :	60.000		240.000		300.000	
Par cheval	1.200		800		500	
Intérêt à 5 0/0	3.000	60	12.000	40	15.000	30
Amortissement :						
2 0/0 canaux et barrages ; 6 0/0 moteurs, tuyaux, etc., moyenne 3 0/0	1.180	36	7.200	24	9.000	18
Entretien des canaux, turbines, etc.	2.000	40	4.800	16	6.000	12
Main-d'œuvre	1.200	24	2.400	8	2.500	5
Prix de revient du cheval-an hydraulique		160		88		65

A Genève, l'installation hydraulique est ressortie au prix initial de 1.500 francs, ramené à 650 francs par agrandissement ultérieur.

Dans les Alpes françaises on admet, pour de hautes et moyennes chutes situées avantageusement, que le cheval-an hydraulique coûte comme intérêt, amortissement et entretien des ouvrages et des turbines, 25 à 50 francs

(*) FRITZ JENNY DURST. *Die Kosten der Betriebskräfte der Schweiz*, Wetzikau, 1893.

au moins, auxquels il faut ajouter environ 20 à 30 francs pour la location de la chute.

On aura un intéressant exemple du prix d'installation du cheval électrique à vapeur et hydraulique par les dépenses relevées approximativement pour les trois stations de la Compagnie électrique de la Loire : à Pont-de-Lignon (400 chevaux hydrauliques), le prix de la chute aménagée, des turbines et des dynamos ressort à environ 375 francs par cheval ; à Saint-Étienne (400 chevaux à vapeur), à 450 francs ; à Saint-Victor (900 chevaux hydrauliques, avec une réserve de 600 chevaux à vapeur), à 570 francs par cheval.

Aux États-Unis, les frais d'établissement du cheval-hydraulique ne sont pas moins variables : ils se sont élevés, par exemple, pour la construction de l'usine et de la partie hydraulique, à 450 francs par cheval à Augusta (G. a), à 360 francs à Colombia (S. C.), à 394 francs à l'usine de la Concord Wallee Co, sur le Merimak, ce qui fait ressortir le cheval-an hydraulique à des prix variant de 45 à 55 francs. Pour le Niagara, le prix définitif de la grande usine hydro-électrique peut être estimé, comme on le verra plus loin, à 700 francs par cheval effectif, ce qui correspond à 77 francs environ par cheval-an. On cite des chutes où ce prix s'abaisserait à 30 francs.

4° *Prix de revient du kilowatt-heure à l'usine.* — Il est commode pour les comparaisons de réunir l'installation de la force motrice ou des dynamos génératrices en un seul chiffre pour en déduire le prix de revient de l'énergie électrique à sa sortie de l'usine génératrice.

Pour les usines hydrauliques avantageusement situées (on sait ce que nous entendons par là), on peut arriver à un prix d'installation total de 600 francs par cheval-électrique pris aux bornes des générateurs, tout compris (chute, canaux, bâtiments, turbines, dynamos). En admettant un taux d'intérêt et d'amortissement de 8 0/0,

3 0/0 pour l'entretien, 4 0/0 pour le personnel et les frais généraux soit en tout 15 0/0, le cheval-an électrique ressort à 90 francs. En fait, il descend souvent au-dessous de ce chiffre. Au prix de 100 francs le cheval-an, le cheval-heure produit revient à 3,3 centimes environ pour 3.000 heures et 1,6 centime pour 6.000 heures, ce qui fait ressortir le prix du kilowatt-heure respectivement à 4,2 et 2,1 centimes.

Ces prix sont incomparablement plus faibles que ceux qu'on peut obtenir avec la vapeur, car le cheval-an pour 6.000 heures ne revient pas aisément à moins de 250 francs avec du charbon à 18 francs la tonne (tableau de la p. 92); en général il coûte 300 à 500 francs, ce qui fait ressortir le kilowatt-heure, pris au tableau de l'usine, au prix de 5 à 10 centimes.

C'est à cette différence de prix qu'il faut attribuer le succès de certaines industries électro-chimiques installées près des chutes d'eau, et le fait que l'emploi des forces naturelles est une nécessité absolue pour la plupart d'entre elles ; elles ne peuvent donner lieu à des résultats fructueux qu'en utilisant de l'énergie à un prix de revient au moins cinq fois plus bas que celui des usines à vapeur.

En amérique, le prix de revient est notablement plus faible que dans bien des États ; d'une part, les grands fleuves américains présentent de puissantes chutes très avantageuses, qui peuvent donner le cheval-an électrique au prix très bas de 40 à 80 francs ; d'autre part, le charbon se paie, dans beaucoup de grandes villes, de 5 à 15 francs la tonne, et les unités génératrices à vapeur de très grande puissance (jusqu'à 2.000 kilowatts) assurent des rendements élevés.

Le premier établissement d'une usine à vapeur moderne avec des appareils de chargement mécanique, économiseurs, etc., etc., y coûte environ 500 francs par kilowatt pour 5.000 kilowatts et 700 francs pour 2.000 kilowatts, soit 370 à 520 francs par cheval. Les frais de production du courant sont très réduits, surtout dans les stations de tramways qui travaillent en charge pendant un grand nombre d'heures, contrairement à ce qui a lieu dans les usines d'éclairage : dans les plus récentes usines de traction on relève des prix de production de 2,7 à 5 centimes le kilowatt-heure, tandis que l'on atteint facilement le double dans les usines d'éclairage.

Si l'on ajoute *grosso modo* 10 0/0 pour les frais d'intérêt et d'amortissement du capital, soit 60 francs par kilowatt, on arrive à un total de 0 fr. 05 à 0 fr. 07 par kilowatt-heure pour 3.000 heures.

Si l'on tient compte qu'en France, et notamment à Paris, le combustible vaut deux fois plus qu'à New-York, la main-d'œuvre deux fois moins, et que les autres dépenses sont de 50 à 100 0/0 plus élevées, on peut estimer que les frais de production avec des usines aussi perfectionnées atteindront au moins 4 à 8 centimes, ce qui ramène le prix total dans les limites indiquées ci-dessus. Mais il ne faut pas oublier qu'en France il est peu de villes assez importantes pour justifier d'aussi puissantes installations.

5° *Prix total.* — La comparaison des tableaux précédents montre que, pour les grandes puissances, tant que les distances ne dépassent pas 25 kilomètres, le prix d'une ligne aérienne à haute tension (10.000 volts et au delà) est presque négligeable dans le prix total, et qu'au-delà de 5 kilomètres les lignes à 500 volts aériennes et les lignes souterraines deviennent rapidement inabordables. C'est, en définitive, aux lignes aériennes à tension élevée seules qu'il faut songer pour les grands transports de force, et la distribution ne peut être économique que si elle n'est pas grevée d'un trop important réseau secondaire. Pour un transport d'un millier de chevaux hydrauliques à 75 kilomètres sous 20.000 volts, l'installation complète de la ligne avec ses accessoires atteint environ 20 0/0 des frais totaux de premier établissement.

On voit, en se plaçant dans les conditions de la pratique courante les plus avantageuses, que le prix total d'installation d'un transport d'énergie ne peut guère descendre au-dessous de 750 à 1.000 francs par cheval avec distribution et de 500 à 700 francs sans distribution. En pratique, il atteint aisément le triple de ces chiffres, soit 2 à 3.000 francs lorsqu'un réseau secondaire est nécessaire, comme dans les grandes villes. Nous laisserons d'abord ce cas de côté.

Si l'on admet un amortissement et un intérêt de 8 0/0 et des frais d'entretien et de personnel de 5 0/0, le *minimum* pratique auquel peut ressortir actuellement le cheval-an transporté est voisin de 400 francs, en admettant qu'il s'agit d'une grande installation de plusieurs milliers de chevaux, supposée complètement installée, et de 150 à 200 francs s'il s'agit de quelques centaines de chevaux seulement.

Cette conclusion est confirmée par l'examen des prix de revient des installations existantes les plus nouvellement installées. On peut citer comme exemple les frais d'établissement suivants, dans lesquels les réceptrices ne sont pas comprises, sauf pour une partie de la première installation, ce qui rendrait nécessaire une majoration de 150 francs environ par cheval pour le prix d'établissement.

Ce tableau contient en même temps des prix de revient du cheval annuel rendu aux bornes des réceptrices calculées en adoptant les taux réduits de 5 0/0 pour l'intérêt et de 2,5 à 3,5 0/0 par an pour l'amortissement et l'entretien du matériel ; cette réduction des taux est une condition jugée nécessaire dans ces installations pour ne pas élever trop le prix de vente du cheval électrique.

NOM de L'INSTALLATION	PUISSANCE distribuée en chevaux	DISTANCE de distribution	PRIX de la puissance motrice par cheval	PRIX des machines électriques, transformateurs et accessoires par cheval utile	PRIX de la transmission et du réseau de distribution	TOTAL	INTÉRÊTS et amortissements et frais d'exploitation par cheval disponible
			francs	francs	francs	francs	francs
Chaux-de-Fonds et Locle (*)	1.200	48	340	500	560	1.400	160
Neufchâtel	1.200	9,5	»			1.944	»
La Goule	1.500	»	592	376		948	»
Dovenberg-Lucerne	1.200	5	620	300	300	1.220	161
Ragatz	200	11	550	330	180	1.030	124
Baden	400	1,6	1.575	300	150	2.125	205
Interlaken	350	»	890	350	185	1.425	171
Lancey (Isère) définitif	750	30	150	260	200	610	»
Pont-de-Lignon (**)	400	»	275	100	»	»	»
St.-Victor-sur-Loire	900	»	340	100	»	»	»
Chapareillan et Pontcharra	2.500	22	440	200	160	740	»

(*) Pour l'usine de la Chaux-de-Fonds, si l'on veut faire entrer dans le prix de la force motrice celui de la création de réservoirs accumulateurs destinés à régulariser le débit de la rivière, il faut majorer les chiffres indiqués de 400 francs par cheval, ce qui donne un prix final de 1.800 francs environ (Voir Rapport du jury d'examen des projets en 1894, par Palaz).

(**) A Pont-de-Lignon et Saint-Victor, le prix de la machinerie électrique ne comprend pas les transformateurs.

Bien que cette manière de faire ne semble pas tout à fait prudente, on doit approuver, au point de vue de l'intérêt général, ces entreprises, audacieuses au point de vue financier. Elles sont d'ailleurs justifiées toutes dans une certaine mesure par la conviction où l'on se trouve qu'on aura probablement à augmenter les puissances actuelles et qu'on s'est réservé le moyen de le faire sans aménagements nouveaux autres que l'installation de nouvelles unités génératrices ; dans l'avenir, on espère donc une réduction importante du prix de revient du cheval.

Par exemple, à *Chaux-de-Fonds* et au *Locle*, la puissance des génératrices doit être portée à 3.200 chevaux et la puissance utilisée à 2.400. Le prix d'établissement du cheval-an sera alors réduit à 835 francs, et le prix de revient du cheval-an à 100 francs seulement, chiffre indiqué plus haut comme un minimum. Ce prix est le *prix de vente* du Niagara et de Bellegarde, à proximité de l'usine ; mais ce sont des cas *exceptionnels* résultant, le premier, d'une situation unique au monde, et le second, de l'abandon d'une partie du capital d'établissement.

En réalité, le prix de vente de la force motrice distribuée est forcément encore beaucoup plus élevé dans la plupart des distributions. En Suisse, on estime que la puissance hydraulique transportée électriquement ne peut guère, dans les conditions ordinaires, coûter moins de 300 francs le cheval-an effectif produit pour les petites puissances, 150 à 200 francs pour des puissances supérieures à 100 chevaux.

Par exemple, d'après l'auteur cité plus haut, on obtient les chiffres suivants en admettant des rendements* de 0,75 pour les turbines et 0,75 pour la transmission électrique.

PRIX DE REVIENT DU CHEVAL-AN UTILE.

DÉTAIL DES DÉPENSES	PUISSANCE de 50 chevaux		PUISSANCE de 300 chevaux		PUISSANCE de 500 chevaux	
	Pour 50 chevaux	Par cheval-an	Pour 300 chevaux	Par cheval-an	Pour 500 chevaux	Par cheval-an
Premier établissement :	fr. 20.000	fr.	fr. 65.000	fr.	fr. 100.000	fr.
Intérêt à 5 0/0 et amortissement 6 0/0	2,200	44	7.150	23,80	11.000	22
Réparation, entretien, matières	500	10	2.000	6,66	4.000	8
Main-d'œuvre pour l'électricité	500	10	1.200	4	2.000	4
Par cheval à la station primaire	—	64	—	34,50	—	34
Par cheval utile chez l'industriel (rendement 0,75)	—	85,33	—	46	—	45,30
Pour dépenses de l'eau (rendement 0,75)	—	213,33	—	117,33	—	116
Prix de revient du cheval-an utile reçu	—	298,66	—	163,33	—	161,30

Les tarifs de vente confirment assez bien ces conclusions.

A *Yverdon*, *Genève*, *Neuchâtel*, *Chambéry*, par exemple, on trouve les tarifs suivants :

	Prix par cheval-an		
	Yverdon (*)	Neuchâtel.	Chambéry.
Puissance 1/10 de cheval.	»	400 fr.	»
— 1/2 —	280 fr.	350 »	»
— 1 —	240 »	300 »	350 fr.
— 5 —	200 »	248 »	350 »
— 10 —	190 »	220 »	250 »
— 40 —	150 »	164 »	203 »

Le tarif de La Goule est plus élevé, étant donné surtout le prix d'établissement modéré cité plus haut :

Puissance 1/4 de cheval. Prix par cheval-an......	536 fr.
— 3/4 — —	461 »
— 1 — —	430 »
— 2 à 12 —	325 »

Dans une grande distribution de 25.000 chevaux que projette le canton de Zurich, au moyen de quatre stations à créer sur le Rhin à Laufers, Eglisau, Rheinau et Weiach, les frais d'établissement par cheval sont estimés à 920 francs sur l'arbre des turbines, et 1.500 francs par cheval distribué sur les canalisations secondaires. Le prix de revient du cheval-an serait de 126 francs à l'usine, 212 francs pour le cheval distribué. Celui-ci sera vendu à des prix variant de 550 francs pour un 1/2 cheval, à 160 francs pour 100 chevaux, tandis qu'au moyen de la vapeur, avec du charbon à 34 francs la tonne, on ne le produit, pour les mêmes puissances, qu'aux prix de 635 et 182 francs respectivement.

(*) A Yverdon et dans les autres communes desservies par l'usine des Clées, on a eu l'heureuse idée de concéder un tarif plus réduit aux petits moteurs marchant en dehors des heures d'éclairage et qui varie de 10 centimes par cheval-heure pour 1/2 cheval, à 7,5 centimes par cheval-heure pour 6 chevaux.

Les tarifs des Compagnies françaises sont généralement supérieurs :

			Prix par cheval-an		
			Loire.	Saint-Étienne.	Le Puy.
Puissance	1/8	de cheval-an.	750 fr.	420 fr.	650 fr.
—	1/4	—	660 »	»	»
—	1/2	—	600 »	»	»
—	1	—	570 »	»	500 »
—	5	—	480 »	360 »	»
—	20	—	360 »	330 »	350 »

A Lyon, le cahier des charges de la Compagnie lyonnaise des forces motrices du Rhône va de 720 francs par cheval pour 1 cheval, à 510 francs pour 10 chevaux et 360 francs pour 20 chevaux ; tandis que le cheval-an est en moyenne estimé, dans la même ville, à 400 francs pour la vapeur et 1.250 francs pour la machine à gaz.

Mais, en fait, on emploie le tarif au compteur allant de 28 centimes le kilowatt-heure pour 1 cheval, à 20,4 centimes pour 10 chevaux, 14,6 pour 20 chevaux, 9,5 pour 50 chevaux. A Rheinfelden, le cheval installé a coûté 580 francs, et le prix de vente pour les grandes puissances est de 117 francs le cheval-an effectif à forfait.

Il est à remarquer que, dans tous les exemples précédents, le prix de la canalisation de transport proprement dit n'est pas représenté par le chiffre de la sixième colonne du tableau de la page 91, mais seulement par une part insignifiante de ce chiffre ; en particulier à la Chaux-de-Fonds et au Locle, la dépense élevée, de 560 francs, provient du réseau secondaire et des sous-stations de distribution, mais les lignes primaires ne coûtent en réalité que 83 francs par cheval dans leur ensemble.

Ces éléments numériques indiquent l'état réel de la question, sans intervention d'aucune des hypothèses exagérées qui ont été trop souvent prises comme base de comparaison fantaisiste. Pour juger de la valeur du transport électrique, il convient de comparer ces prix de revient à ceux du cheval-vapeur dans des conditions ordinaires.

COMPARAISON ENTRE LES PRIX DE REVIENT DE L'ÉNERGIE DISTRIBUÉE ÉLECTRIQUEMENT ET CELUI DE L'ÉNERGIE PRODUITE SUR PLACE A L'AIDE DE MOTEURS A VAPEUR.

Les chiffres précédents montrent immédiatement que, pour comparer les prix de revient des puissances mécaniques obtenues directement et transportées électriquement, il faut distinguer plusieurs cas, suivant que l'énergie motrice est empruntée au charbon ou à l'eau, suivant la puissance transportée et enfin suivant le mode d'emploi de cette force.

A. *Cas où la puissance motrice est la vapeur.* — Considérons d'abord l'hypothèse d'une *usine à vapeur* de grande puissance, et admettons que le prix d'établissement de la machine et des bâtiments soit de 300 francs par cheval, en tenant compte des réserves nécessaires. Deux cas sont à distinguer suivant que cette énergie doit être utilisée par un seul gros moteur récepteur ou, au contraire, distribuée chez de nombreux consommateurs.

1° *Transport simple pour un seul appareil récepteur.* — Dans le premier cas on peut employer une bonne machine à vapeur ayant un bon rendement et consommant 1 kilogramme par cheval. Pour que le transport électrique soit avantageux, il faudra, en admettant même amortissement sur les machines, que l'économie de charbon soit au moins égale aux frais d'intérêt et d'amortissement des machines et lignes électriques. Nous négligerons celui-ci et, comme il n'y a pas de réseau de distribution, on estimera le prix des génératrices, réceptrices et accessoires, à environ 350 francs au minimum par cheval, d'après les chiffres ci-dessus, en supposant qu'il s'agit d'une grande puissance, cas le plus favorable.

En attribuant au rendement de la transmission entre l'arbre du moteur à vapeur et l'organe d'utilisation la valeur maxima de 0,75 à 0,80, la puissance de la machine à vapeur devra être renforcée de 25 à 34 0/0, soit d'environ 100 à 150 francs par cheval, ce qui porte à 500 francs au moins les frais supplémentaires d'établissement occasionnés par la transmission électrique.

Au taux de 8 0/0 pour l'amortissement et l'intérêt, le prix du cheval-an reçu sera ainsi grevé d'une augmentation de 40 francs, qui correspond à une augmentation du prix du combustible de : 40 francs par tonne, si la durée de marche est 1.000 heures ; 13 fr. 33 par tonne, si la durée de marche est 3.000 heures ; 6 fr. 66 par tonne, si la durée de marche est 6.000 heures.

Sauf dans des cas exceptionnels, cette augmentation dépasse de beaucoup l'accroissement du prix de revient du combustible, qui résulterait de son transport du lieu de production de l'énergie au lieu d'emploi. Il n'y a donc pas besoin de tenir compte du prix de la ligne pour voir que cette solution est inacceptable et conclure que le transport d'énergie pour un seul appareil récepteur n'a pas de raison d'être en général quand la force motrice est produite par machine à vapeur.

2° *Transport avec distribution entre de nombreux moteurs de faible puissance.* — Au contraire, lorsque l'énergie doit être distribuée chez de petits consommateurs, ou dans un atelier, le fait même du morcellement de la puissance suffit bien souvent à rendre la distribution par l'électricité plus économique que la répartition du combustible entre de petites machines séparées ; l'augmentation du prix de revient occasionnée par la perte et l'intérêt et l'amortissement de la transmission électrique est en effet négligeable à côté de la différence entre le prix élevé du cheval-an pour les moteurs de puissance inférieure à 10 chevaux indiqué par le tableau suivant et le prix de revient du cheval-an produit par une grande machine à vapeur. Supposons, par exemple, une usine de 1.000 chevaux seulement, servant à distribuer la force à distance à des consommateurs employant des moteurs de 1 à 5 chevaux, avec une durée de fonctionnement de 6.000 heures, coûtant 1.000 francs par cheval-an. La différence entre le prix de 1 cheval-an produit sur place dans ces petits moteurs et celui de 1,5 à 2 chevaux-an produits dans l'usine pour donner, avec les rendements moyens prévus plus haut, 1 cheval-an au bout de la ligne, sera de plusieurs centaines de francs et pourra servir à couvrir non seulement la somme de 40 francs qu'on vient d'indiquer comme représentant l'intérêt et l'amortissement du matériel, mais encore celui d'une ligne.

Il est bon de remarquer que les frais d'installation des moteurs sont alors plus élevés que dans l'estimation de la page 92, car ils sont plus chers et de moins bon rendement pour les petites puissances ; il faudra, en outre, ajouter les prix des réseaux secondaires; le coût de la transmission se trouvera ainsi majoré.

PUISSANCE	PRIX TOTAL des moteurs électriques		PRIX PAR CHEVAL avec accessoires des moteurs		
en chevaux	seuls	avec pose et accessoires environ	électriques	à vapeur (locomobiles)	à gaz
	francs	francs	francs	francs	francs
1/12	250	400	4.800	»	»
1/8	250	400	3.200	»	»
1/5	300	450	2.250	»	4.000
1/2	450	650	1.300	»	2.200
1	550	800	800	1.500	1.800
2	750	1.050	525	1.300	1.300
3	850	1.250	425	1.250	1.050
4	1.000	1.550	375	1.150	1.000
5	1.100	1.550	310	1.050	900
7,5	1.300	1.950	260	900	880
10	1 600	2.400	240	800	750

Mais cette majoration n'empêche pas la supériorité du moteur électrique de se conserver, car les mêmes causes grèvent le prix d'achat et l'exploitation du petit moteur à vapeur et à gaz. En ce qui concerne les prix d'achat et d'installation d'un petit moteur et de ses accessoires, on peut les comparer d'après le tableau ci-dessus, qui s'applique indistinctement aux moteurs à courants continus et polyphasés.

Les prix indiqués pour les moteurs à gaz et à pétrole sont d'ailleurs modérés. On remarquera en passant que les puissances industrielles réalisées pour les moteurs électriques peuvent être beaucoup plus réduites que pour les autres moteurs.

Les prix de revient du cheval-an peuvent s'en déduire en comparant les dépenses d'énergie et les accessoires. Pour simplifier la question, nous supposerons connu le prix auquel on obtient cette énergie, sur le réseau secondaire. Par exemple, nous prendrons pour le prix du kilowatt-heure le chiffre de 0 fr. 30 consenti pour les petits moteurs par d'importantes Compagnies, qui exploitent des réseaux de distribution de force. Par exemple, le tarif des Forces motrices du Rhône, à Lyon, va de 0 fr. 28 par kilowatt-heure pour un cheval à 0 fr. 095 pour 50 chevaux.

Soit d'abord une installation de 4,5 chevaux dans un atelier ; on trouve les chiffres suivants pour le prix de revient du cheval-heure, à 3.000 heures par an.

	MOTEUR A GAZ à 0 fr. 25 le mètre		MOTEUR ÉLECTRIQUE à 0 fr. 30 le kilowatt-heure	
	à vide	en charge	à vide	en charge
	fr. c.	fr. c.	fr. c.	fr. c.
Consommation horaire.......	800 litres	2.400 litres	0,400 k.-h.	4,500 k.-h.
Dépense correspondante.....	0,20	0,60	0,120	1,350
Huile et chiffons...........	0,12	0,12	0,001	0,001
Entretien..................	0,13	0,13	0,020	0,020
Amortissement 10 0/0 ...... Intérêt 5 0/0	0,25	0,25	0,075	0,075
Total..............	0,70	1,10	0,216	1,446
Prix du cheval-heure.......	»	0,24	»	0,32
Prix du cheval-an pour 3.000 heures...........	»	735 »	»	964 »

Si l'on prend maintenant des moteurs de 1/4 de cheval, on trouve, en raisonnant de même, avec des consommations de 410 litres pour le gaz et de 390 watt-heures pour l'électricité, un prix de revient de 0 fr. 20 pour le moteur à gaz en charge, 0 fr. 12 pour le moteur électrique par heure, ce qui fait respectivement 2.400 francs et 1.440 francs par cheval-an de 3.000 heures. Dans la marche à vide la différence est encore plus sensible.

On voit ainsi qu'en supposant un prix très bas pour le gaz, l'électricité, au prix de 0 fr. 30 le kilowatt-heure pour usages mécaniques, est plus économique que le gaz pour les petits moteurs. Pour les moteurs de quelques chevaux (2 à 5), elle est un peu plus chère à pleine charge ; il en est de même, *a fortiori*, relativement à la vapeur, si l'on se reporte aux chiffres qui précèdent. Mais, si l'on tient compte de ce que ces moteurs marchent à vide pendant une grande partie du temps, le prix de revient moyen à la fin de la journée est, tous comptes faits, plus faible avec le moteur électrique. Avec le gaz à 0 fr. 30 ou 0 fr. 40 le mètre cube, la supériorité est plus nette encore.

Il en est de même si l'on emploie l'eau comme force

motrice. Par exemple, à Paris, un ascenseur hydraulique pour trois personnes qui fait 20 courses par jour en dépensant 275 litres d'eau à 0 fr. 60, dépense annuellement 1.200 francs, tandis qu'actionné électriquement au tarif de la force motrice il ne coûte que 250 francs.

Pour donner une idée plus générale des prix de revient du cheval-an pour les petits moteurs électriques, on les a calculés d'après les bases précédentes (en admettant 10 0/0 de frais accessoires) pour 1.000 et 3.000 heures par an, avec des prix de 0 fr. 20, 0 fr. 30 et 0 fr. 40 pour le kilovatt-heure ; le premier est facilement réalisable par un industriel pour son propre usage. Ces résultats sont résumés dans le tableau suivant :

PUISSANCE de l'installation		PRIX DU CHEVAL-AN					
		Pour 1.000 heures avec prix du kilowatt-heure de			Pour 3.000 heures avec prix du kilowatt-heure de		
Chevaux	Watts consommés	0,20	0,30	0,40	0,20	0,30	0,40
		francs	francs	francs	francs	francs	francs
1/12	100	1.056	1.188	1.320	1.580	1.980	2.375
1/8	150	790	925	1.055	1.320	1.720	2.160
1/5	250	640	780	920	1.190	1.600	2.020
1/2	550	430	535	675	920	1.280	1.510
1	1.000	352	460	570	790	1.120	1.450
3	3.000	252	400	507	730	1.060	1.390
5	4.500	250	350	448	645	940	1.130
10	8.000	215	233	391	568	830	1.050

En comparant ces chiffres aux taux forfaitaires signalés plus haut, on voit tout l'avantage qui résulte de ceux-ci pour le consommateur.

Tout ce qui précède suppose la transmission faite à faible distance, puisqu'on a provisoirement négligé les frais d'amortissement et d'entretien des lignes primaires, ce qui rend forcément les résultats moins avantageux.

La longueur maxima de transmission possible se déduira, pour chaque valeur de la puissance, des tableaux des pages 81-82, relatifs aux pertes en ligne généralement admises, en égalant la dépense de transport (mesurée par l'intérêt à 5 0/0 et l'amortissement à 8 0/0 du capital d'établissement de la ligne) à l'économie annuelle réalisée par l'emploi du moteur électrique ; mais on peut encore réduire davantage le prix de l'installation en choisissant dans chaque cas particulier la perte de rendement la plus avantageuse à admettre dans la ligne. On démontre aisément que cette valeur dépend des éléments techniques et financiers de l'installation (suivant une certaine relation indiquée par Sir W. Thomson) et n'est pas la même pour les diverses distances. Il n'est donc pas possible de formuler une règle générale pour déterminer la distance à partir de laquelle le transport électrique devient désavantageux.

Il reste seulement établi que, toutes les fois qu'il y a à faire de la *distribution* de force entre de petits consommateurs, la transmission électrique autour d'une usine génératrice à vapeur peut être beaucoup plus avantageuse que le transport de combustible chez les consommateurs ; il en sera de même *a fortiori*, si l'électricité distribuée n'est pas destinée aux usages mécaniques, puisqu'on n'aura plus à faire figurer le prix des moteurs dans le prix total de la transmission. C'est ce qui justifie toutes les distributions d'électricité dans les villes.

B. *Cas où la puissance motrice est hydraulique.* — Quand on emploie une usine hydraulique favorable, la question se présente dans des conditions plus avantageuses à certains égards, en raison de l'économie du combustible dont le prix élevé majore beaucoup les valeurs du cheval-an à vapeur. C'est ainsi, par exemple, que la Compagnie de la Loire estime le prix de revient de l'énergie, dans son usine hydraulique de Saint-Victor, aux 2/3 environ de ce qu'elle lui coûte dans l'usine à vapeur de Saint-Étienne.

1° *Transport simple pour un seul consommateur.* —

Grâce à la différence de prix dont on vient de parler, le transport simple pour un seul consommateur ne doit plus être rejeté *a priori*, comme dans le cas de la vapeur, mais il peut-être, au contraire, avantageux si les frais d'intérêt et d'amortissement des transformations, lignes, réceptrices, restent inférieurs à l'écart entre le prix de revient du cheval-vapeur (*), sur place, et celui de la puissance correspondante nécessaire à l'usine hydraulique éloignée. Cette comparaison ne se prête pas à des chiffres absolus ; on peut dire seulement que la transmission simple est en général avantageuse, dès que le prix d'installation de la puissance hydraulique ne dépasse pas 500 francs par cheval, et la distance de transmission 25 kilomètres, et que la puissance minima disponible atteint au moins 500 chevaux pendant 8 heures par jour. En dehors de ces limites, c'est une question d'espèce, qui dépendra encore de la durée de fonctionnement, du prix du charbon, de la puissance, etc., et qu'on ne peut trancher que par le calcul dans chaque cas particulier ; sans entrer dans le détail de ces comparaisons, il est bien évident que de hautes chutes présentant un débit constant, un fonctionnement régulier et prolongé, un haut prix de charbon, seront favorables aux transports électriques ; des chutes basses ou peu puissantes, de débits variables, un faible nombre d'heures d'utilisation, du charbon à bas prix, donneront au contraire la supériorité aux machines à vapeur.

2° *Cas d'une distribution entre petits consommateurs.* — Le prix de revient de l'énergie distribuée se trouve grevé des frais de distribution et peut atteindre le triple ou le quadruple de sa valeur au départ ; mais, malgré cela,

(*) Il est intéressant de remarquer que les frais d'exploitation se répartissent de façons fort différentes (pour 3.000 heures) :

	Intérêt et amortissement.	Entretien et combustible, etc.
Installation à vapeur............	23 0/0	77 0/0
Transmission hydro-électrique....	80 0/0	20 0/0

il est moins élevé que dans le cas de la distribution par une usine centrale à vapeur. Les mêmes raisonnements subsistent donc *a fortiori* pour montrer la supériorité économique de la distribution électrique aux petits moteurs. On peut donc conclure que, lorsque la force doit être distribuée chez de petits consommateurs, presque toutes les chutes d'eau en montagne peuvent donner des résultats économiquement avantageux dans un rayon de 25 kilomètres, pourvu que la spéculation ne vienne pas exagérer le prix d'achat de la chute d'eau.

Un intéressant exemple de transport d'énergie économique est fourni par la transmission Niagara-Buffalo citée plus haut. Le prix d'installation *complète* de l'usine hydro-électrique du Niagara fut estimé à 25 millions pour les 15.000 premiers chevaux, d'où 1.660 francs par cheval ; après l'agrandissement, on l'évalue à 35 millions pour les 50.000 chevaux, ou 700 francs seulement par cheval. En admettant 8 0/0 d'intérêt et d'amortissement, et 3 0/0 de frais généraux et entretien, le prix du cheval-an électrique au Niagara ressortirait ainsi à 77 francs. Ces chiffres permettent d'évaluer le prix de revient à Buffalo.

On peut estimer que le rendement *moyen* est de 0,90 pour les génératrices et la ligne, et 95 0/0 pour chaque transformation. Ces chiffres sont choisis inférieurs aux maxima possibles, pour tenir compte de la variation des charges ; on arrive ainsi au rendement moyen de 0,73. Le prix de la ligne et des transformateurs est d'environ 75 francs par cheval et disparaît pratiquement dans le chiffre final. On peut donc prendre simplement comme prix de revient du cheval-an à Buffalo,

$$77 : 0,73 = 104 \text{ francs},$$

prix qui rend très rémunérateur le forfait de 200 francs

par cheval maximum, et même de 180 francs au-delà de 1.000 chevaux, consenti aux tramways de Buffalo(*). D'autre part, dans cette ville, le cheval-vapeur produit dans des machines très puissantes par du charbon à 8 francs la tonne, est estimé à 165 francs pour une marche quotidienne de onze heures et 255 francs pour un service journalier de vingt-quatre heures. Il resterait donc une marge suffisante pour justifier l'emploi de l'énergie électrique, même en tenant compte des frais supplémentaires de conversion du courant en courant continu.

C. *Cas d'une distribution de la force motrice par les réseaux d'éclairage.* — Les stations centrales qui vendent le courant à la fois pour l'éclairage et pour la force se sont trouvées jusqu'ici dans des conditions peu différentes de celles des stations destinées à la distribution de la force seule, parce qu'elles ont un moins bon coefficient d'utilisation, mais que, par contre, elles ont pu demander pour l'éclairage des prix plus rémunérateurs que pour la force. Grâce à cette circonstance, et à l'intérêt économique qu'elles ont à uniformiser les consommations et à faire travailler leurs usines pendant le jour aussi bien que pendant la nuit, elles ont pu consentir pour la force motrice des tarifs réduits, ne leur donnant presque aucun bénéfice. Par exemple, presque toutes les usines allemandes ont aujourd'hui deux tarifs, l'un de 0 fr. 80 à 1 fr. 20 par kilowatt-heure pour la lumière, l'autre de 0 fr. 18 à 0 fr. 40, suivant les villes, pour la force. A Berlin, où la Compagnie d'éclairage se trouve dans des conditions bien plus favorable, que les secteurs parisiens, les tarifs ont été récemment abaissés à 0 fr. 75 le kilowatt-heure pour l'éclairage, et 0 fr. 20 pour la force motrice.

En France, nous sommes encore moins avancés ; l'éner-

(*) En supposant un fonctionnement à pleine charge de 3.000 heures par an, ce prix forfaitaire équivaut à 0 fr. 06 le kilowatt-heure. Pour les moteurs de moins de 5 chevaux, il est porté à 0 fr. 10.

gie pour les moteurs est vendue dans beaucoup de villes à moitié prix, 0 fr. 40 à 0 fr. 60 par kilowatt-heure au lieu de 0 fr. 90 à 1 fr. 20 ; dans les concessions récentes, on l'a même abaissée à 0 fr. 30 et on doit espérer réduire encore ce prix et l'amener à 0 fr. 25 (*). A Lyon, par exemple, le tarif actuel est de 0 fr. 28 le kilowatt-heure pour un cheval, 0 fr. 20 pour 10 chevaux, 0 fr. 095 pour 50 chevaux, au lieu de 0 fr. 50 à 0 fr. 65 pour l'éclairage. Le tableau précédent montre la réduction très sensible qui en résultera pour les applications de la force motrice.

Il ne faut pas croire d'ailleurs que la différence entre les tarifs français et les tarifs étrangers, américains et même allemands, soit imputable aux sociétés exploitantes ; car il y a peu de pays où les bénéfices de ces sociétés soient aussi restreints qu'en France. Si l'on tient compte des différences des conditions locales, déjà signalées plus haut, et des charges fiscales, impôts ou redevances, souvent énormes qui grèvent le prix de vente de ces sociétés, on peut considérer que beaucoup d'entre elles offrent proportionnellement au public des conditions plus avantageuses que les sociétés étrangères. Le tarif de Lyon, qu'on vient de citer, par exemple, constitue un sacrifice bien plus grand en faveur du consommateur que celui de Buffalo indiqué plus haut, bien que l'un soit le double de l'autre.

La question de l'abaissement de prix de revient dépend de facteurs trop complexes pour pouvoir être traitée ici ; qu'il suffise de dire que ce qui le grève particulièrement, ce n'est pas la dépense de charbon (1 kilogramme pour 400 à 500 watts distribués), qui n'est que de 8 0/0 en moyenne dans les usines allemandes, ni

(*) Déjà à Berlin, le prix de revient, amortissement et intérêt compris, s'abaisse à 0 fr. 25.

même les dépenses d'exploitation qui sont d'environ 25 0/0, mais surtout les frais d'intérêt et d'amortissement du matériel générateur et de la canalisation, qui forment un capital immobilisé très considérable, eu égard à la puissance utilisée (*). Ces frais supplémentaires dépassent en général de beaucoup ceux mêmes de la production de l'énergie à l'usine et expliquent l'écart très considérable entre le prix de vente et le prix de production donnés ci-dessus. La réduction pourra être obtenue par le choix d'excellentes dispositions techniques et surtout par une durée de concession suffisante, une réduction de charges fiscales dans certains cas, et des artifices commerciaux qui commençent à donner, ailleurs, de bons résultats. En attendant, les prix actuels de faveur consentis pour les usages mécaniques par les usines centrales d'électricité, permettent dès aujourd'hui un emploi très avantageux de petits moteurs dans une foule d'industries, et c'est surtout à l'inertie des intéressés qu'il faut attribuer la lenteur de la diffusion de ce système chez les ouvriers et les petits industriels. L'exemple des grandes villes progressistes de Lyon et de Saint-Étienne, où la distribution de la force donne déjà de si admirables résultats, entrainera sans aucun doute beaucoup d'autres villes françaises dans cette direction pleine de promesses.

VI. — Conclusions. — Résultats économiques et sociaux à attendre de la diffusion des distributions électriques.

Il résulte des considérations précédentes que la transmission électrique est aujourd'hui possible au point de vue

(*) Dans les grandes villes allemandes, grâce aux statistiques que nous n'avons pas en France, on estime à 1.500 francs par kilowatt distribué le prix de canalisations immobilisées, et à 1.000 francs celui des usines.

purement technique jusqu'à des distances considérables qui peuvent dépasser 200 kilomètres, et que le rayon en est limité seulement par le prix de revient. A ce point de vue, ce rayon d'action est restreint provisoirement entre 25 et 100 kilomètres et dépend des circonstances; il est plus grand s'il s'agit d'utiliser le courant directement par exemple pour l'éclairage, que s'il s'agit de l'employer aux usages mécaniques; il varie en raison inverse du prix initial de l'énergie au point de production. Pour une transmission de force à grande distance, il est d'autant plus grand que l'installation est plus importante, la puissance utilisée plus morcelée et la durée de marche plus considérable.

On peut, grâce à ces transmissions, tirer un parti croissant des sources naturelles d'énergie, soit dans les villes voisines, soit dans les districts ruraux qui les entourent.

L'établissement de distributions d'énergie urbaines est rendu aujourd'hui nécessaire par le fait que, dans les énormes agglomérations où la population tend à se rassembler, les rapports très complexes de la vie industrielle et sociale créent des besoins de plus en plus grands d'énergie mécanique pour le transport, pour les besoins hygiéniques et pour différentes industries petites et grandes. Au début, on avait répondu à ces besoins en installant de divers côtés, chez le particulier, des moteurs indépendants; mais cette méthode est, comme on l'a vu, trop peu économique pour être accessible aux artisans modestes.

De même qu'on remplace partout l'alimentation d'eau privée par une alimentation en commun, on a donc été amené à étudier de même des procédés de distribution d'énergie en commun. Le succès des immenses réseaux d'eau sous pression établis dans certaines villes, notamment à Londres et à Genève, a été un premier pas fait dans cette voie; à Paris, on a eu recours à l'air comprimé, et cette expérience a prouvé tout au moins l'intérêt considérable qu'on accorde aujourd'hui à cette question de la distribution de l'énergie motrice.

Celle-ci est résolue avec beaucoup plus d'efficacité par les distributions d'électricité, qui seront le seul mode de distribution employé dans l'avenir; déjà la ville où la distribution hydraulique a atteint le plus haut degré de perfection et d'économie, Genève, a recours aujourd'hui à des installations électriques pour répondre aux demandes croissantes d'énergie. On a donné plus haut quelques statistiques dans lesquelles sont comprises ces installations urbaines.

Dans le plus grand nombre des cas, naturellement, c'est dans des usines génératrices à vapeur qu'on produit l'énergie, mais l'exemple de Genève, Neuchâtel, la Chaux-de-Fonds, Le Locle, Lucerne, Zurich, Heilbronn, Buffalo, etc., montre tout l'intérêt qu'il peut y avoir pour ces distributions urbaines, quand les circonstances s'y prêtent, à aller chercher au loin dans des chutes d'eau l'énergie nécessaire à leur alimentation.

Un remarquable exemple de cette utilisation électrique d'une rivière de dimensions ordinaires par les villes voisines est fourni par les installations de la Reuse. Cette rivière, qui prend sa source au fond du val de Travers, à Saint-Sulpice, suit d'abord la plaine étroite qui remplit le fond de cette vallée, et tombe ensuite de 290 mètres, par bonds successifs, jusqu'au lac de Neuchâtel. Le débit à l'étiage moyen est de 1.500 litres environ par seconde, ce qui représente une puissance totale de 6.000 chevaux en chiffres ronds.

Depuis quelques années, cette chute est concédée par tronçons aux communes voisines. Les communes du val de Travers possèdent le premier tronçon, de 17 mètres de chute, qu'elles utilisent pour une distribution d'énergie par courant continu en série à 10.000 volts. Le second tronçon, de 52^{m},50, appartient à la Chaux-de-Fonds, qui l'emploie à élever à 500 mètres l'eau de source qui lui est nécessaire pour sa distribution d'eau. La troisième chute, de 91 mètres de haut, appartient à trois communes: la Chaux-de-Fonds, Le Locle et Neuchâtel. Les deux premières emploient 1.600 (dans l'avenir 3.600) chevaux pour une distribution d'énergie électrique (lumière et travail mécanique) par courants continus en série à 14.000 volts; la dernière utilisera sa part pour une élévation d'eau de source à 90 mètres. Le tronçon suivant, de 56 mètres de chute, appartient à Neuchâtel seul, qui en prend actuellement 1.200 chevaux pour une distribution électrique d'éclairage et de force par courants alternatifs. Il ne reste qu'un dernier petit tronçon de 14 mètres non utilisé, mais qui le sera certainement un jour.

L'Orbe, la Reuse, l'Isère, le Drac, etc., offrent des exemples analogues.

Dans les localités rurales l'opportunité des distributions d'électricité s'est faite encore moins sentir, parce que les besoins y sont plus simples que dans les villes; mais on comprendra bientôt l'utilité capitale qu'elles présentent, à savoir la distribution de la force à bon marché, surtout dans les pays pauvres que sont les pays de montagne. On a vu, en effet, que dans le cas d'une véritable distribution à des moteurs nombreux et peu puissants la transmission électrique en grand est généralement très économique par rapport aux machines à vapeur, et que son rayon d'action pratique peut atteindre dès aujourd'hui 30 à 50 kilomètres, ce qui permet de couvrir par des lignes rayonnant du centre un district de 2.000 à 5.000 kilomètres carrés. Ces résultats font entrevoir la possibilité de créer artificiellement, dans un avenir plus ou moins rapproché, des régions industrielles nouvelles ou de développer celles qui existent déjà. Certaines exploitations minières françaises, situées dans des régions montagneuses, se sont déjà préoccupées de distribuer par fil électrique, dans les localités environnantes, une partie de l'énergie de leur houille, dont le transport par charrois est très onéreux et trouve peu de débouchés. Les charbons maigres ou anthraciteux, qui se prêtent à la production du gaz pauvre, sont très répandus dans certaines régions de la France, et leur exploitation, qui a été négligée ou peu fructueuse, par suite de la concurrence de combustibles plus riches, pourrait prendre un grand développement ; l'on établirait ainsi sur place des usines de production d'électricité.

Déjà, en Angleterre, pays particulièrement favorisé en richesses houillères, tout un mouvement s'est produit récemment dans ce sens, et de nombreuses Compagnies sont en instance de concessions pour la distribution de l'énergie *en gros* dans les districts industriels et les grandes villes voisines, telles que Sheffield, Birmingham, Liverpool, Leicester, etc.

Cette application serait bien plus fructueuse encore, si l'on arrivait un jour à transformer directement l'énergie contenue dans le charbon en énergie électrique, sans passer par l'intermédiaire d'une machine. Actuellement toute la perte provient de ce qu'on transforme d'abord l'énergie en chaleur, puis en travail mécanique, puis en électricité, faute d'un procédé plus économique pour convertir la chaleur en électricité ; on est en droit d'espérer que les générateurs thermo-électriques actuels seront perfectionnés et même qu'on parviendra, dans un avenir plus ou moins éloigné, à transformer directement en électricité l'énergie du charbon, à l'aide de piles électriques dans lesquelles le corps attaqué chimiquement sera, non plus comme aujourd'hui un produit industriel cher, tel que le zinc, le fer ou le cuivre, mais bien le charbon, convenablement préparé, au besoin, en briquettes homogènes et conductrices par une trituration et une cuisson préalables, ou même transformé d'abord en gaz combustible.

C'est là le plus important problème à résoudre pour l'industrie moderne et celui dont la solution peut produire la plus grave évolution économique ; en effet, le jour où l'on disposerait d'un moyen permettant de transformer, ne fût-ce que 50 ou 60 0/0 de l'énergie du charbon directement en énergie électrique, la machine à vapeur serait définitivement remplacée par le moteur électrique, et la chaudière par une batterie de piles produisant l'énergie à un prix trois ou quatre fois moindre qu'actuellement. Ces conditions nouvelles modifieraient complètement les évaluations données plus haut des avantages du transport de la force par l'électricité comparées au transport du charbon.

Mais ce n'est là encore qu'un rêve d'avenir, et les réalités du présent suffisent pour établir déjà la haute utilité économique des distributions d'électricité.

Dans le présent il existe déjà des centres tout créés pour la distribution économique de l'énergie. Ce sont les hauts fourneaux destinés à la fabrication du fer. Il résulte en effet des recherches patientes entreprises dans cette voie depuis quelques années par des spécialistes, en Angleterre et sur le continent, que les gaz perdus des hauts fourneaux pourront être utilisés désormais dans de puissants moteurs à gaz actionnant des dynamos. On estime à près de 2.000 chevaux la puissance que peut ainsi fournir un haut fourneau capable de produire 200 tonnes de fer par 24 heures. Le jour n'est donc pas éloigné où les grandes usines métallurgiques, ou les fours à coke, deviendront de vrais centres industriels, d'autant plus utiles qu'il existe sur place une population ouvrière importante prête à tirer parti de cette nouvelle force. Cette application, qui semble avoir devant elle un grand avenir, échappe à ce point de vue à la principale objection qu'on peut faire en France à l'utilisation des houillères (et quelquefois même des chutes d'eau), c'est que la clientèle que de semblables entreprises trouvent aujourd'hui dans leur voisinage est trop restreinte : mais elle s'accroîtrait sans doute rapidement si, à l'exemple des Américains qui ont construit dans des contrées inhabitées des voies ferrées et des villes qui ont attiré les émigrants, de puissantes sociétés financières prenaient l'initiative de créer dans certaines régions et particulièrement dans nos pays de montagnes, pauvres jusqu'ici, des moyens de communication et des centres industriels où la présence de la force à bas prix amènerait de nombreux artisans à s'établir.

Au point de vue économique, la vie étant moins chère que dans les grandes villes, le prix de la main-d'œuvre se trouverait notablement réduit et pourrait s'abaisser à des chiffres voisins de ceux de la main-d'œuvre des pays voisins. En Suisse par exemple, ce bas prix provient surtout de ce que les artisans vivent dans les localités rurales, et la plupart des grandes installations électriques citées plus haut, La Goule, La Sihl, Aarburg, Wynau, n'ont pas d'autre but que de distribuer la force aux petits ateliers d'horlogerie des bourgs et villages. On pourrait obtenir en France des résultats analogues et rendre ainsi à notre pays, dans une certaine mesure, la possibilité d'exporter bien des produits de petite industrie, dans le prix desquels cependant la force motrice ne joue qu'un rôle en apparence insignifiant. Les résultats très favorables déjà obtenus pour l'industrie du ruban dans l'arrondissement de Saint-Étienne confirment d'une façon encourageante cette manière de voir.

L'utilité sociale de ces distributions rurales n'est pas moins évidente que leur utilité économique.

Notre société actuelle souffre d'un état de choses créé par le machinisme depuis un siècle : la concentration des ouvriers dans des usines formant de véritables casernes, et la congestion des villes au détriment des campagnes, qui s'appauvrissent peu à peu. Les inconvénients multiples qui en résultent sont trop connus pour qu'il y ait lieu de les rappeler ici. Le création des districts manufacturiers dont on vient de parler, en appelant les ouvriers dans des pays peu habités et en offrant à chacun la possibilité d'établir un atelier familial, produirait une réaction utile. Elle offrirait à chaque artisan la possibilité d'une situation indépendante et assurée, qui lui fait si complètement défaut aujourd'hui ; elle lui permettrait de vivre d'une existence plus large et plus hygiénique, dans l'atmosphère pure de la campagne, au lieu de l'air enfumé et contaminé qu'il respire dans les fabriques des grandes villes.

Considérée à ce point de vue, qui n'est peut-être pas chimérique, la transmission électrique de l'énergie doit être regardée comme un élément d'amélioration sociale de premier ordre dans les sociétés modernes et mérite à ce titre d'être favorisée par la bienveillance administrative, en même temps que par les initiatives individuelles.

ANNEXES.

ANNEXE N° 1.

STATISTIQUE DES DISTRIBUTIONS D'ÉNERGIE EN FRANCE.

D'après une statistique de *l'Industrie électrique*, le nombre total des stations de distribution d'énergie en France, en 1896, était de 438, dont 378 donnaient les évaluations suivantes :

Force motrice.	Nombre de stations.	Puissance motrice en chevaux.
Hydraulique	182	11.665
Hydraulique et à vapeur	48	7.422
Vapeur	128	26.802
A gaz pauvre	6	206
A gaz de ville	13	1.605
A pétrole	1	12
Total	378	47.712

Au 1er janvier 1898, le nombre total relevé atteint 448, dont 407 se décomposent comme il suit :

Force motrice.	Nombre de stations.	Puissance en chevaux.
Hydraulique	196	16.826
Hydraulique et à vapeur	44	7.267
Vapeur	142	28.397
A gaz pauvre	9	351
A gaz de ville	15	1.757
A pétrole	1	12,5
Total	407	54.610,5

Les stations à force hydraulique entrent donc pour moitié dans le nombre total des stations et pour près d'un tiers dans la puissance totale. La plupart de ces installations sont utilisées pour l'éclairage public et privé.

ANNEXE N° 2. — Installations d'éclairage électrique dans les Alpes françaises.

NOM DE LA STATION	PUISSANCE en chevaux	MOTEUR	NATURE DU COURANT	TENSION en volts	USAGES
Les Abrets	35	Moteur à gaz pauvre.	Courant continu.	220	Éclairage public.
Alby-sur-Chéran	30	Turbine.	Id. Id.		Id.
Allevard	80	Id.	Id. Id.	500	Éclairage d'usines (Pinat et Cie). Transport d'énergie.
Id.	200	Turbines.	Id. alternatif.	2.200-110	Éclairage public.
Aoste	25	Moteur à gaz pauvre.	Id. continu.	125	Id.
Auberives	30	Turbine.	Id. alternatif.	3.100-120	Éclairage de plusieurs villages et transport d'énergie.
Les Avenières	20	Moteur à gaz pauvre.	Id. continu.	110	Éclairage public.
Beaurepaire	40	Machine à vapeur.	Id. Id.	-	Id.
Bourg-d'Oisans	45	Turbine.	Id. alternatif.	2.000-120	Id.
Bourgoin	40	Machine à vapeur.	Id. continu.	110	Éclairage d'ateliers (Raison).
Id.	-	Id.	Id. Id.	-	Id.
Boussieu	100	Id.	Id. Id.	105	Éclairage d'ateliers de tissage (Schwarzenbach).
Briançon	400	Turbines.	Id. alternatif.	-	Éclairage public.
Brides-les-Bains	30	Turbine.	Id. Id.	110	Id.
Claix	10	Roue hydraulique.	Id. Id.	100	Id.
Coise	30	Turbine.	Id. Id.	125	Id.
Domène	80	Id.	Id. Id.	2.000-120	Id.
Les Échelles	200	Turbines.	Courant continu et alternatif combinés.	-	Id.
Entre-deux-Guiers	20	Turbine et machine à vapeur.	Courant continu.	110	Id.
Embrun	75	Turbine.	Id. alternatif.	2.500-110	Id.
Eybens	18	Id.	Id. Id.	120	Id.
Gières	25	Id.	Id. Id.	220	Id.
Goncelin	20	Id.	Id. Id.	120	Id.
Grenoble	550	Turbine et machine à vapeur.	Courant alternatif simple et diphasé.	2.200-110	Éclairage public et transport d'énergie.
Laffrey	10	Turbine.	Courant continu.	110	Éclairage public.
La Roche-sur-Foron	100	Turbine et machine à vapeur.	Id. Id.	150	Id.
Méaudre	12	Id.	Id. Id.	110	Id.

NOM DE LA STATION	PUISSANCE en chevaux	MOTEUR	NATURE DU COURANT	TENSION en volts	USAGES
Meyzieu	25	Machine à vapeur.	Id. Id.	120	Id.
Modane et Les Fourneaux	60	Turbine.	Id. Id.	125	Id.
Montalieu	22	Moteur à gaz pauvre.	Id. Id.	110	Id.
Moutiers	50	Turbine.	Id. Id.	-	Id.
Mure (La)	60	Machine à vapeur.	Id. Id.	110	Id.
Péage-de-Roussillon	50	Turbine.	Id. Id.	120	Id.
Le Périer	7	Id.	Id. Id.	110	Id.
Pontcharra	50	Id.	Id. alternatif.	2.000-110	Id.
Id.	12	Id.	Id. continu.	110	Éclair. et transport d'énergie.
Pont-de-Claix	10	Id.	Id. Id.	110	Éclairage public.
Rives	-	Turbine et machine à vapeur.	Id. alternatif triphasé.		Éclair. et transport d'énergie.
Id.	-	Turbine.	Courant continu et alternatif.	cont. 220 alt. 1.000	Éclairage d'usine et transport d'énergie.
Robert (Saint-)	130	Id.	Courant alternatif.	2.200	Éclairage d'asile départemental
Roybon	40	Id.	Id. continu.	230	Éclairage public.
Rumilly	30	Id.	Id. Id.	130	Id.
Sassenage	45	Id.	Id. alternatif.	2.400-110	Id.
Id.	250	Id.	Id. Id.	2.000-105	Éclairage d'un village voisin.
Saint-Geoirs	60	Id.	Id. continu.	500	Éclairage public.
Saint-Genix-d'Aoste	100	Id.	Id. Id.	120	Id.
Saint-Jean-de-Bournay	20	Moteur à gaz.	Id. Id.	125	Id.
Saint-Jean-de-Maurienne	60	Turbines.	Id. Id.	110	Id.
Saint-Pierre-d'Allevard	40	Turbine.	Id. Id.	110	Éclairage public et d'usines.
Saint-Pierre-d'Albigny	25	Moteur hydraulique et moteur gaz pauvre.	Id. Id.	-	Éclairage public.
Saint-Siméon-de-Bressieux	20	Machine à vapeur.	Id. Id.	130	Id.
Saint-Symphorien-d'Ozon	30	Id.	Id. Id.	115	Id.
Taninges	35	Turbine.	Id. Id.	125	Id.
Tencin	15	Id.	Id. Id.	130	Id.
Touvet (Le)	60	Id.	Id. alternatif triphasé.	2.100-110	Éclair. et transport d'énergie.
Tullins	10	Id.	Id. continu.	110	Éclairage public.
Uriage	50	Id.	Id. Id.	105	Id.
Vaulnaveys-le-Haut	15	Id.	Id. Id.	125	Id.
Vif	50	Id.	Id. alternatif.	2.200-110	Éclair. et transport d'énergie.
Villard-de-Lans	18	Machine à vapeur et turbine.	Id. continu.	110	Éclairage public.
Varces	15	Turbine.	Id. Id.	100	Id.
Vienne	600	Machine à vapeur.	Id. alternatif.	2.000-110	Id.
Id.	5	Turbine.	Id. Id.	110	Éclairage d'usine.
Id.	35	Machine à vapeur.	Id. Id.		Éclair. et transport d'énergie.
Vinay	25	Turbine et machine à vapeur.	Id. Id.	1.000-110	Éclairage public.
Vizille	10	Turbine.	Id. continu.	120	Id.
Vourey	40	Id.	Id. Id.	130	Id.
Voiron	-	Id.	Id. Id.	100	Éclairage d'usine.
Voreppe	35	Id.	Id. Id.	100	Éclairage public.
Yenne	25	Id.	Id. Id.	100	Id.

ANNEXE N° 3. — PRINCIPALES TRANSMISSIONS D'ÉNERGIE A GRANDE DISTANCE EN FRANCE.

DATE de mise en service	NOM DE LA STATION	FORCE MOTRICE utilisée (Chevaux)	NOMBRE D'UNITÉS génératrices	SYSTÈME DE DISTRIBUTION	TENSION MAXIMA prévue (Volts)	LONGUEUR des LIGNES de transport (Kilom.)	USAGES
1888	Bécorne	100	3 turbines.	Courants alternatifs simples et transformateurs.	2.000	5 et 15	Eclairage des villes de Dieulefit et Valréas.
1890	Domène	300	1 turbine.	Transmission directe à courant continu.	2.850	5	Transport de force pour une fabrique.
1890	Oyonnax-Bellegarde	320	2 turbines.	Distrib. par courant continu en série.	4.000	8	Distribution de force industrielle.
1893	Saint-Victor-sur-Loire Cie électrique de la Loire après développement ultérieur	900 2.500 ou 5.000	3 turbines et 2 machines à vapeur. 2 stations hydrauliques et 1 à vapeur.	Distribution par courants triphasés à 4 fils avec transformation à l'arrivée.	5.200	28 et 40	Distribution d'éclairage et de force dans Saint-Etienne et plusieurs communes environnantes; longueur totale du réseau, 100 kilomètres.
1894	Romans	»	»	»	»	»	»
1895	Chapareillan	350	Turbines	Courants alternatifs simples à 3.000 volts transformés en triphasés à 10.000.	10.000	18	Distribution d'éclairage et de force à Chambéry et dans les communes voisines.
1899	Pontcharra	2.000	»	Courants triphasés.	10.000	18 puis 22	»
1895	Ardières	200	2 turbines.	Courants alternatifs simples avec transformateur-élévateur.	3.500 et 10.500	14, 20, 24	Eclairage de plusieurs villes.
1895	Carcassonne	200	2 turbines.	Courants alternatifs simples.	2.000	6	Eclairage et force motrice.
1896	Uriage	350	2 turbines.	»	3.200	6	»
1896	Lourdes	60	»	Courants alternatifs diphasés.	3.000	5	Distribution d'éclairage et transport de force à 2 moteurs de 10 chevaux.
1896	Le Monteil-Bourganeuf	450	2 turbines.	Courants triphasés avec double transformation, une partie de l'énergie est convertie par le système Hutin-Leblanc en courant continu.	7.000	14	Eclairage de la ville de Bourganeuf et production de travail mécanique dans une papeterie.
1896	Saint-Ouen	700	2 turbines à vapeur.	Courants triphasés avec double transformation, convertis par le même procédé.	6.000	6	Eclairage de Paris (secteur de la Société de la transmission de la force) par stations réceptrices à la Chapelle et au Landy et prochainement au boulevard Barbès.
1896	Busigny	60	2 machines à vapeur.	Courants diphasés avec double transformation, convertis à l'arrivée en courant continu.	6.000	10	Distribution d'éclairage au Cateau.
1896	Lyon	300 plus tard 12.000 plus tard enfin 20.000	Turbines.	Courants triphasés.	3.500	»	Distribution de force à Lyon et dans sa banlieue.

ANNEXE N° 3 (*suite*). — PRINCIPALES TRANSMISSIONS D'ÉNERGIE A GRANDE DISTANCE EN FRANCE.

DATE de mise en SERVICE	NOM DE LA STATION	NATURE de la FORCE motrice	PUISSANCE DES GÉNÉRATRICES en chevaux		SYSTÈME DE DISTRIBUTION	TENSION MAXIMA prévue (Volts)	LONGUEUR des LIGNES de transport (Kilom.)	USAGES
			Totale	Par unités				
1896	Caussade (Tarn-et-Garonne)	Vapeur.	30	20 et 10	Courants triphasés avec transformation.	5.000	7	Éclairage et pompe à eau.
1896	Revolayre (près vif)		55		Courant continu.	1.600	8	Transport d'énergie à un moulin de ciment.
1897	Lancey (Isère) ...	Turbines	250 (plus tard 5.000)	250	Courant monophasé avec double transformation.	12.000	»	Distribution d'éclairage dans 10 communes de la vallée du Graisivaudan.
1897	Engins (Isère)	Id.	500	500	Id.	12.000	30	Distribution d'éclairage et de force à Voiron et dans les villages environnants.
1897	Saint-Égrève.....					4.500		Éclairage et transport d'énergie.
1897	Beuvry..........	Vapeur.	150	50	Courant continu.	625	26	Halage électrique des bateaux sur les canaux d'Aire et de la Deûle.
1897	Bauvin..........	Id.	150	50	Id.	625		
1897	Chevenoz (Haute-Savoie)........	Turbines	1.500	350	Courants triphasés avec transformation.	5.200	12	Éclairage d'Evian-les-Bains et force motrice.
1897	Allevard-les-Bains	Id.	200	100	Courant monophasé avec double transformation.	2.500	»	Éclairage d'Allevard.

ANNEXE N° 4.

STATISTIQUE DES DISTRIBUTIONS ÉLECTRIQUES EN SUISSE (*).

ANNÉES	1890	1894	1896
Nombre de distributions d'éclairage et distributions d'éclairage et de force........	351	677	866
Nombre des transmissions et distributions de force..............................	25	77	121
Nombre des génératrices et moteurs.......	531	1.404	2.553
Puissance en kilowatts (1)................	7.060	28.831	58.485
Nombre des lampes à incandescence.......	51.255	145.984	212.568
à arc.................	845	2.126	2.714
Nombre des batteries d'accumulateurs......	41	161	248

(1) Le kilowatt est égal à 1,36 cheval.

Enfin, pendant l'année 1897, 37 installations nouvelles ont été entreprises correspondant à une puissance totale de 4.989 chevaux

ANNEXE N° 5.

STATISTIQUE DES STATIONS CENTRALES EN ALLEMAGNE EN 1898.

Le nombre de ces stations alimentant une ville entière ou un district est de 375, dont 81 0/0 emploient le courant continu seul (59 0/0 de la puissance totale). Des stations à courant continu 89 0/0 emploient des accumulateurs pour 31 0/0 de la puissance produite.

Les stations à courant continu ont beaucoup augmenté en nombre. Les tableaux suivants résument cette statistique.

De ces 489 installations, 291 ont moins de 100 kilowatts de puissance (machines), 136 de 100 à 500 kilowatts, 23 de 500 à 1.000, 19 de 1.000 à 2.000, 13 de 2.000 à 5.000, 4 plus de 5.000 kilowatts.

Elles alimentent 1.940.744 lampes à incandescence de 50 watts, 41.172 lampes à arc de 10 ampères, et 68.628 chevaux de moteurs.

(*) Les chiffres indiquent l'ensemble des installations au commencement de chaque année (d'après l'*Elektrotechnische Zeitschrift*).

	1899	1898	ACCROISSEMENT p. 100
Courant continu			
Nombre des installations	394	303	30,4
Puissance en kilowatts	92.656	69.966	32,4
Courant alternatif			
Nombre des installations	33	29	13,8
Puissance en kilowatts	17.826	14.706	21,2
Courant polyphasé			
Nombre des installations	33	23	41.5
Puissance en kilowatts	30.243	14.195	113,1
Courant polyphasé et continu			
Nombre des installations	22	15	46,7
Puissance en kilowatts	25.970	11.537	125,1
Courants alternatif et continu			
Nombre des installations	5	5	0
Puissance en kilowatts	1.011	1.134	10,9
Générateurs monocycliques			
Nombre des installations	2		
Puissance en kilowatts	614		
Nombre total des installations	489	375	
Puissance totale en kilowatts	168.320	145.538	

NATURE DE LA PUISSANCE MOTRICE	NOMBRE des installations	PUISSANCE en kilowatts
Vapeur	290	111.422
Eau	55	14.425
Gaz	21	1.609
Air comprimé	1	14
Mixtes		
Eau et vapeur	103	17.201
Eau et gaz	4	231
Vapeur et gaz	2	118
Eau et pétrole	5	130
Eau et moteur électrique		
Divers	7	
TOTAL	488	145.150

Dans les villes éclairées, le nombre des lampes à incandescence varie de 73 à 286 pour 100 habitants.

ANNEXE N° 6. — PRINCIPAUX TRANSPORTS D'ÉNERGIE EN SUISSE.

DATE de mise en service	NOM DE LA STATION	FORCE MOTRICE disponible (chevaux)	FORCE MOTRICE distribuée (chevaux)	NOMBRE d'unités génératrices	SYSTÈME DE DISTRIBUTION	TENSION MAXIMA prévue en volts	LONGUEUR DES LIGNES de transport en kilomètres	USAGES
1892	Albino (Le Lario)	»	975	3 turbines.	»	1.500	3,5	720 métiers de filature.
1892	Biberist (Soleure)	»	365	Turbines.	2 dynamos Thury en tension.	6.800	28	Papeterie.
1886	Thorenberg (sur l'Emme)	»	1.200	2 turbines.	Courants alternatifs monophasés, transformé à 1.000 volts, puis à 120 dans des sous-stations.	2.400	5,5	Distribution d'éclairage et de force dans la ville de Lucerne et ses environs.
1893	Davos (Le Sertig)	430	200	3 id.	3 dynamos, courants alternatifs, 10 transformateurs.	3.300	3	Éclairage.
1894	La Goule (sur le Doubs)	4.100	1.500	3 id.	Courants alternatifs monophasés, distribution en parallèle; transformation dans les sous-stations.	5.500	(25)	Distribution d'éclairage et de force dans les localités environnantes, 17 communes par 4 lignes rayonnantes. A Saint-Imier, le courant alternatif est transformé en courant continu.
1894	Aarau (sur l'Aar)	800	»	3 id.	Courants diphasés à 4 fils. Distribution en parallèle, transformation dans les sous-stations et dans les maisons.	2.000	»	Distribution de force dans la ville d'Aarau par 3 canalisations principales.
1894	Zufikon-Bremgarten (sur la Reuss)	»	1.300	4 id.	Courants triphasés transformés à 200 et 120 volts, transformés à Wollishofen en courants continus.	5.400	20 et 7	Transport de force pour 2 usines privées de Zurich de 350 et 400 chevaux et la station d'éclairage de Wollishofen 80 chevaux.
1895	Vouvry-Aigle	»	1.000	5 id.	Courant continu en série et courant alternatif simple.	3.000 et 5.000	21	
1895	Gryon	»	200	3 id.	Courant alternatif simple.	3.500	5	
1896	Chèvres (sur le Rhône)	12.000	4.800	4 id.	Courants alternatifs monophasés pour l'éclairage, biphasés pour la force motrice (4 fils).	3.000 et 5.000	6	Distribution souterraine à 3.000 volts pour la ville de Genève pour l'éclairage public et privé et pour la force motrice et les tramways. 2 lignes aériennes et 7.000 volts pour la distribution de l'éclairage et de la force dans les villages environnants.
1896	Val de Travers (sur la Reuse)	1.250	750	3 id.	Distribution en série (courant continu). Transformateurs et batteries d'accumulateurs dans les localités.	10.400	35	Distribution d'éclairage et de force dans les communes du Val de Travers.
1896	Combe-Garrot (sur la Reuse)	3.000	1.600	4 id.	Distribution en série (courant continu). Transformation dans deux grandes stations.	14.000	12 et 20.48	Distribution d'éclairage et de force motrice dans les villes de La Chaux-de-Fonds et du Locle et les communes avoisinantes.
1896	Wynau (sur l'Aar)	»	3.000	5 id.	Courants triphasés distribués en parallèle et transformés à 200 et 120 volts.	8.000	12	Distribution d'éclairage et de force dans les localités avoisinantes.
1896	Olten-Aarburg (sur l'Aar)	2.500	1.800	6 id.	Courants diphasés à 4 fils. Distribution en parallèle, transformation dans des sous-stations et dans les maisons.	5.000	(70)	Distribution d'éclairage et de force dans les communes d'Aarburg, Schönenwerd-Olten, Rothrist, Zofingen, Brittnau. La plus grande partie de l'énergie est employée pour les usages mécaniques.
1896	Rathausen (sur la Reuss)	1.500	900	3 id.	Courants diphasés à 3 fils avec ou sans transformateurs dans des sous-stations.	3.300	3 (10,5)	Distribution de force dans Lucerne et les communes environnantes.
1896	Sihl (sur la Sihl)	1.020	1.200	4 id.	Courants diphasés à 4 fils, transformés dans des sous-stations en courants diphasés à 240 volts pour la force et 120 pour l'éclairage.	5.000	18 et 9	Distribution d'éclairage et de force dans 6 centres industriels de la rive gauche du lac de Zurich et dans 4 villages de la montagne. 2 canalisations à 6 conducteurs chacune (4 pour la force, 2 pour l'éclairage) ayant respectivement comme longueurs 18 et 9 kilomètres. Longueur totale du réseau primaire, 42 kilomètres. Surface desservie par le réseau secondaire, 22 kilomètres carrés.
1896	Les Clées (sur la Reuse)	1.500	1.200	5 id.	Courants alternatifs triphasés pour la force et monophasés pour l'éclairage transformés dans des sous-stations. Une partie convertie en courant continu pour les tramways.	4.050	9,5	Distribution d'éclairage et de force dans la ville de Neuchâtel.
1896	Rheinfelden (sur le Rhin)	»	15.000	20 id.	Courants triphasés.	6.800	20	Distribution d'éclairage et de force dans un rayon de 20 kilomètres.

Les longueurs entre parenthèses indiquent les développements totaux des lignes.

ANNEXE N° 6 (*suite*). — PRINCIPAUX TRANSPORTS D'ÉNERGIE EN SUISSE (*suite*).

DATE de mise en SERVICE	NOM DE LA STATION	NATURE de la FORCE motrice	PUISSANCE DES GÉNÉRATRICES en chevaux		SYSTÈME DE DISTRIBUTION	TENSION MAXIMA prévue en volts	LONGUEUR des LIGNES de transports en kilom.	USAGES
			Totale	Par unité				
1896	Aubonne	3 turbines.	400	200	Courants triphasés avec transformation.	3.000	4	Tramways et éclairage.
1897	Montboron (canton de Fribourg)	3 id.	4.000	950	Courant alternatif monophase avec transformation et courant continu.	15.000	60	Distribution de l'énergie dans plus de 30 villages pour éclairage et force motrice; 2 lignes de tramways.
1897	Burglauer	2 id.	2.130	1.050	Courants triphasés.	7.000	13	Distribution de la force motrice sur les chantiers du chemin de fer de la Jungfrau.
1898	Lauterbrunen	Turbines.	9.000	En construction	Id.	7.000	13	Distribution de la force pour l'industrie et l'éclairage.
1898	Kander (canton de Berne)	Id.	4.000	En construction	»	»	»	Traction sur le chemin de fer de Burgdorf-Thun. Distribution de force aux communes avoisinantes et jusqu'à Berne.
1898	Les Clées (sur l'Orbe)	Id.	1.200	390	Courants triphasés.	5.000	50	Distribution d'éclairage et de force à Yverdon et dans 29 communes environnantes.
1898	Bex (sur l'Avançon)	Id.	2.200		Courant continu.			Alimentation du tramway de Bex à Villars.

ANNEXE N° 7. — PRINCIPALES USINES ÉLECTROCHIMIQUES EN 1898.

PAYS	EMPLACEMENT des USINES	PUISSANCE TOTALE en chevaux disponible	PUISSANCE TOTALE en chevaux utilisée	NOM DES COMPAGNIES	PRODUITS	DATES
France	Saint-Jean	6.000	8.000	Soc. d'Electrochimie française.	Chlorate.	1896
	Froges	»	600	Société électro-métallurgique française	Carbure et aluminium.	»
	Saint-Michel	»	2.000	Soc. industrielle de l'Aluminium	Aluminium.	1890
				Société d'electrochimie	Carbure et chlorate.	»
	La Praz	»	10.000	Société electro-métallurgique française	Carbure et aluminium.	1896
	Chedde	»	12.000	Société des Forces motrices de l'Arve	Chlorate de potasse.	—
	N.-D. de Briançon	»	3.000	Soc. des Carbures metalliques.	Carbure.	1897
	Saint-Béron	»	1.800	Société du gaz Acétylène	—	—
		»	1.000	Maison Robert	—	—
	La Bathie	»	1.200	Cie Internationale du Carborundum	Carborundum.	—
	Chapareillau	»	800	Société des forces motrices du Grésivaudan	Carbure.	—
	Epierre	»	1.200	Rochette frères	Carbure.	—
	Bellegarde	»	600	Cie des carbures et carbonates de chaux	—	—
	Livet et Gavet	5.000	1.000	Société des Soudières électrolytiques	Soude.	—
	Séchilienne	»	1.200	Cie française des Carbures	Carbure.	—
	Monthey	»	1.520	Soc. des usines de Monthey		—
	Mieussey	8.500	»	Société du Giffre	—	en const.
	Mougiroi	11.000	2.000	Société « La Volta » lyonnaise.	Chlore et soude.	1898
	Chailles	»	1.800	Société du gaz acetylène	Carbure.	1899
Autriche	Hallein	»	5.000	Consortium electrochemischer Industrien	Alcalis et hypochlorites.	»
	Prague	»	»	»	Carborundum.	»
Suisse	Neuhausen	»	4.000	Aluminiumindustrie-Actiengesellschaft	Aluminium.	1889
	Vallorbes	»	3.500	Société d'Electrochimie	Chlorate de potasse.	1890
	Vernier	2.000	»	Société génevoise d'Electricité et de produits chimiques	Carbure.	1897
	Vernayaz	6.000	3.000	Soc. industrielle du Valais		—
	Gampel	»	4.000	Soc. pour l'industrie à Gampel.	Carbure.	1898
	Chèvres	Usine de Genève.	1.000	Société « La Volta » suisse	Chlore et soude.	1898
Suède	Mansboe	4.000	3.500	Superphosphat Actiengesellschaft, Stockholm	Chlorate de potasse.	—
	Stjernfors	»	75	»	Alcali et hypochlorite.	—
Angleterre	Saint-Helens	»	1.100	The Electrochemical C°	—	1895
	Foyers	4.000	2.100	British Aluminium C°	Aluminium.	1897
				Acétylène illuminating C°	Carbure de calcium.	—
Norvège	Sarpfos	5.000	»	Kellner Partington Pulp-Paper C°	Alcalis et chlore ou aluminium.	—
Russie	Kalakant	»	580	Kedabeg Copper C°	Cuivre.	—
États-Unis			1.000	Electro-Gas C° of U. S. A.	Carbure de calcium.	—
			1.000	American Carborundum C°	Carborundum.	—
	Niagara	120.000	500	Chemical Construction C°	Chlorate de potasse.	—
			800	Niagara electro-chemical C°	Sodium et peroxyde.	—
			1.600	Pittsburg Reduction C°	Aluminium.	1888
	Montana	10.000	»	Boston and Montana Smelting C°	Cuivre.	—
	Rumford	»	1.100	Electro-chemical C° of U. S. A.	Alcalis et hypochlorite cuivre.	1892
Allemagne	Bitterfeld	»	2.500	Electrochemische Werke	Potasse et hypochlorite.	1894
	Francfort	»	400	Electron-Aktiengesellschaft	—	1892
	Berlin	»	»	Electrochemische Aktiengesellschaft	Potasse.	»
	Leopoldschall	»	»	Vereinigte chemische Fabriken.	Carbonate de potasse et chlore.	1892
	Osternienburg	»	»	Solvay Ammonia soda C°	Alcali et hypochlorite.	1895

ANNEXE N° 8. — PRINCIPAUX TRANSPORTS D'ÉNERGIE DANS L'AMÉRIQUE DU NORD.

DATE de mise en service	NOM DE LA STATION	NATURE de la force motrice	PUISSANCE des générateurs en kilowatts — Totale	PUISSANCE des générateurs en kilowatts — Par unité	SYSTÈME DE DISTRIBUTION	TENSION maxima prévue en volts	LONGUEUR des lignes de transport en kilomètres	USAGES
1891	Telluride (Col.)	Turbines.	1.300	350	Courants alternatifs simples.	5.000	25	Transport de force pour une usine.
1893	Hartford (Conn.)	Id.	300	300	Courants triphasés.	7.000	17,7	Transport de force.
1893	Redlands (Cal.)	Roues Pelton.	500	250	Id.	2.400	12	Distribution de force et de lumière.
1894	Taftville (Conn.)	Turbines.	500	250	Id.	3.000	7,2	Transport de force.
1895	Concord (N. H.)	Roues hydrauliques.	200	250	Id.	2.500	6,5	Distribution de force et de lumière.
1895	Saint-Hyacinthe (Canada)	Turbines.	450	150	Id.	2.500	8	— — —
1895	Santa Rosalia (Mex.)	Vapeur.	60	60	Id.	2.500	15,3	— — —
1895	Traverse City (Mich.)	Hydraulique.	120	60	Id.	2.500	8	—
1895	Bel-Air (Mich.)	Id.	60	60	Id.	2.200	4,8	— —
1895	Trenton (Canada)	Id.	300	150	Id.	10.000	2,1	— —
1895	Portland (Or.)	Turbines.	1.350	450	Id.	6.000	22,5	Distribution de force et de lumière; alimentation de tramways.
1896	Silverton (Col.)	Roues Pelton.	300	150	Id.	2.500	4,8	Distribution de force dans une mine.
1896	Park City (Utah)	Hydraulique.	150	75	Id.	2.500	8,8	— de force et de lumière.
	Anderson (S. C.)	Id.	450	»	Id.	5.000	11,2	— —
1896	Montmorency (Can.)	Turbines.	2.000	»	Courants diphasés.	5.700	13	—
1895	Folsom Sacramento (Cal.)	Id.	3.000	750	Courants triphasés avec transformateurs élévateurs, transformés et convertis à l'arrivée.	11.000	38	Éclairage et force distribués à Sacramento; alimentation des réseaux de tramways.
1895	San Antonio Pomona (Cal.)	Hydraulique.	150	»	Courants monophasés avec double transformation (distribution à 1.000 et à 100 volts).	10.000	25	Distribution d'éclairage à Pomona et à San Bernardino.
1895	Pelzer (S. C.)	Id.	2.250	750	Courants triphasés.	3.300	5,6	Distribution de force.
1895	Canandaigua (N. Y.)	Id.	100	100	Id.	2.500	5,6	—
1895	Pittsfield (Mass.)	Id.	500	»	Courants diphasés.	2.500	4,8	—
1895	Deering (Maine)	Id.	600	»	Courants diphasés transformés et triphasés sur la ligne.	8.000	11	— de force et de lumière.
1896	Fresno (Cal.)	Roues Pelton.	1.050	350	Courants triphasés.	11.000	56	— —
1896	Niagara à Buffalo	Hydraulique.	»	5.000	Courants triphasés convertis en continus à l'arrivée.	15.000	»	Alimentation de tramways.
1896	Big Creek (Santa Cruz)	Roues Pelton.	-	300	Courants diphasés.	15.000	Jusqu'à 31	Distribution de force et de lumière.
1897	Pueblo (Mexique)	Hydraulique.	300	300	Courants triphasés.	10.000	16	— de force.
1897	Stockton (Cal.)	Id.	150	150	Id.	10.000	17,6	—
1897	Ameca (Mexique)	Turbines.	300	300	Id.	3.000	6,5	—
»	Nevada County	Roues Pelton.	750	»	Id.	3.500	»	Transport de force dans une usine.
1896	Salt Lake City (Utah)	Id.	2.557	450	Courants triphasés.	10.000	22	Éclairage et distribution de la force.
1896	Ogontz près Philadelphie	Vapeur.	2.700	900	Courant continu.	-	17	Éclairage, traction, moteurs.
1897	Columbus	Id.	1.650	200	Courant continu et alternatif simple.	2.000	3,5	Tramways et éclairage.
»	Bakersfield (Californie)	Id.	900	450	Courants triphasés.	11.500	25	Distribution pour tramways interurbains, éclairage.
1897	Minneapolis	Turbines.	6.000	700	Courants triphasés et continus.	12.000	[illegible]	Distribution de force pour tramway, industries et éclairage.
1897	Chambly-Montréal (Canada)	Id.	16.000	2.000	Courants diphasés.	12.000	50	Distribution de la force et éclairage.
1897	Trois-Rivières (Québec)	Id.	500	250	Id.	12.000	27	Éclairage.
1897	Lachine Rapids, à Montréal (Canada)	Id.	9.000	750	Courants triphasés.	5.500	9	Éclairage et transport de force.
1897	Ogden-River, à Salt-Lake City	Id.	7.500	750	Id.	16.000	61	Éclairage, traction et transports de force.
1897	Blue Lake	Id.	1.250 élevée à 10.000	450	Courants diphasés.	sera élevée à 27.000 11.000	110 80,136 177	Éclairage et transport à Stockton, Sacramento, Oakland et San Francisco.
1897	Mechanicville-Schenectady	Id.	5.250	750	Courants triphasés.	12.000	30	Éclairage, transport et traction.
1897	Apple River	Id.	250	250	Courants diphasés.	6.000	12	Distribution d'éclairage et de force à New Richmond.
1897	Newcastle	Roues Pelton.	800	400	Cts diphasés transformés en triphasés.	15.000	[illegible]	Distribution d'éclairage et de force à Sacramento.
1897	Saint Anthony	Turbines.	2.800	700	Courants triphasés.	11.000	16	Distribution de force et de traction à Minneapolis.
1897	Butte City (Montana)	Id.	3.000	750	Id.	15.000	[illegible]	Transmission de force.
1898	Telluride (Col.)	Id.	750	750	Courants triphasés avec double transformation.	25.000	56 et 88	Distribution de force dans des Mines.
1898	Redlands	Id.	3.000	750	Id.	30.000	130	
1898	High Falls (Dodgeville)	Id.	1.500	750	Courants alternatifs simples.	10.000	13	Éclairage de Dodgeville.
1898	La Borgia	Roues Pelton.	1.500	300	Id.	10.000	30 et 55	Distribution de force dans les mines.
1898	Provo (Utah)	Turbines.	1.500	750	Id.	40.000	50 et 78	
1898	Los Angeles		4.000		Id.	33.000	60	Éclairage et force à Los Angeles.
1898	Plunkett	Turbines.	200	100	Système monocyclique.	5.200	25	Éclairage et force à Barton.
1898	Yuba Maryville	Roues Pelton.	1.300	300	Courants alternatifs diphasés avec double transformation.	16.700		Distribution d'énergie à Maryville et à Brown's Valley.

ANNEXE N° 9. — STATISTIQUE DES LIGNES DE TRAMWAYS ET CHEMINS DE FER ÉLECTRIQUES EN DÉCEMBRE 1898.

ÉTATS	LONGUEUR totale des lignes en kilomètres	PUISSANCE totale en kilowatts	NOMBRE total de voitures automotrices
États-Unis...... Canada......	24.500 »	»	45.000
Allemagne......	1.402,8	30.378	3.140
Angleterre......	211,1	10.507	398
Autriche-Hongrie......	113,2	3.604	291
Belgique......	69,0	2.415	107
Bosnie......	5,6	75	6
Espagne......	104,7	2.450	144
France......	487,5	18.718	759
Hollande......	3,2	320	14
Irlande......	22,8	646	32
Italie......	146,9	6.620	318
Suède et Norwège......	24,0	875	43
Portugal......	2,8	110	3
Roumanie......	31,4	590	48
Russie......	40,7	1.950	95
Serbie......	10,0	200	11
Suisse......	200,7	6.665	325
Totaux pour l'Europe......	2.876,4	86.123	5.734

TABLE DES MATIÈRES.

ANNEXES.

TOURS

IMPRIMERIE DESLIS FRÈRES

6, rue Gambetta, 6

www.ingramcontent.com/pod-product-compliance
Ingram Content Group UK Ltd.
Pitfield, Milton Keynes, MK11 3LW, UK
UKHW020319180726
13839UKWH00001B/499